AF343911

DÉTAILS EXACTS

ET CIRCONSTANCIÉS

DES SÉANCES DES DEUX CONSEILS,

Des 18 et 19 Brumaire an VIII,

Et des Événemens et Faits remarquables, qui se sont passés dans ces journées, avec les pièces officielles qui s'y rapportent.

Journée du 18 Brumaire.

Dès les six heures du matin de ce jour, les membres du conseil des anciens avaient reçu à leur domicile des lettres de convocation, signées par la commission des inspecteurs, composée des citoyens Cornet, Fargues, Baraïlon et Courtois.

Avant huit heures la plupart des membres étaient déjà rassemblés dans le palais des Tuileries. Aucun mouvement ne se faisait encore remarquer à l'extérieur : il n'y avait aux Tuileries que la garde ordinaire des grenadiers du corps législatif. Jusqu'alors cette convocation paraissait ignorée du public et même des membres du conseil des cinq-cents, près du palais desquels tout était tranquille. On dit que pendant ce tems beaucoup d'officiers-généraux se rassemblaient chez le général Bonaparte.

Vers le commencement de la séance, les directeurs Roger-Ducos et Sieyes s'étaient rendus dans la salle qui avoisine le bureau des procès-verbaux du conseil des anciens.

Nous allons commencer par donner le récit exact de cette séance, et nous rendrons compte ensuite des événemens qui se sont passés au-dehors pendant et après sa tenue.

A

CONSEIL DES ANCIENS.

Présidence DE LEMERCIER.

Séance extraordinaire du conseil des anciens, tenue au palais des Tuileries, à Paris, le 18 brumaire au matin.

A huit heures du matin le conseil des anciens, en très-grande majorité, précédé de sa musique, est entré en séance.

Le président accorde la parole à Cornet.

Cornet : Représentans du peuple, la confiance dont vous avez investi votre commission des inspecteurs lui a imposé l'obligation de veiller à votre sûreté individuelle, à laquelle se rattache le salut de la chose publique ; car, dès que les représentans d'une nation sont menacés dans leurs personnes ; dès qu'ils ne jouissent pas, dans les délibérations, de l'indépendance la plus absolue ; dès que les actes qui peuvent émaner d'eux n'en ont pas l'empreinte, il n'y a plus de corps représentatif, il n'y a plus de liberté, il n'y a plus de république.

Les symptômes les plus alarmans se manifestent depuis plusieurs jours ; les rapports les plus sinistres nous sont faits : si des mesures ne sont point prises, si le conseil des anciens ne met pas la patrie et la liberté à l'abri des plus grands dangers qui les aient encore menacés, l'embrasement devient général ; nous ne pouvons plus en arrêter les dévorans effets ; il enveloppe amis et ennemis ; la patrie est consumée, et ceux qui échapperont à l'incendie verseront des pleurs amers, mais inutiles, sur les cendres qu'il aura laissées sur son passage.

Vous pouvez, représentans du peuple, le prévenir encore : un instant suffit ; mais si vous ne le saisissez pas, la république aura existé, et son squelette sera entre les mains de vautours qui s'en disputeront les membres décharnés.

Votre commission des inspecteurs sait que les conjurés se rendent en foule à Paris ; que ceux qui s'y trouvent déjà, n'attendent qu'un signal pour lever leurs poignards sur des représentans de la nation, sur des membres des premières mtorités de la république : elle a donc dû vous convoquer extraordinairement pour vous en instruire ; elle a dû provoquer les délibérations du conseil sur le parti qu'il lui convient de prendre dans cette grande circonstance : le conseil des anciens a dans ses mains les moyens de sauver la patrie et la liberté ; ce serait douter de sa profonde sagesse que de penser qu'il ne s'en saisira pas avec son courage et son énergie accoutumés.

Regnier : Représentans du peuple quel est l'homme assez stupide pour douter encore des dangers qui nous environnent ? Les preuves n'en sont que trop multipliées ; mais ce n'est pas le moment de dérouler leur épouvantable série. Le tems presse, et le moindre retard pourrait devenir si fatal, qu'il ne serait plus en votre puissance de délibérer sur les remèdes

A Dieu ne plaise que je fasse l'injure aux citoyens de Paris de les croire capables d'attenter à la représentation nationale ; je ne doute pas, au contraire, qu'ils ne lui fissent au besoin un rempart de leurs corps ; mais cette ville immense renferme dans son sein une foule de brigands audacieux et de scélérats désespérés, vomis et jetés parmi nous de toutes les parties du globe par cette exécrable faction de l'étranger qui a causé tous nos malheurs. Ces instrumens du crime vous épient, vous observent, attendent avec une impatience féroce un moment d'imprévoyance ou de surprise pour vous frapper, et par conséquent frapper au cœur la république elle-même.

Représentans du peuple, vos vies ne sont plus à vous, elles sont toutes entières à la patrie dont les destinées tiennent intimément à votre existence ; l'insouciance sur votre propre sûreté serait donc un véritable crime envers elle.

Arrachez-là aux dangers qui la menacent, en vous menaçant vous-mêmes ; transférez le corps législatif dans une commune voisine de Paris, et fixez votre choix de manière que les habitans de cette grande commune demeurent bien convaincus que votre résidence ailleurs ne sera que momentanée.

Là, mis à l'abri des surprises et des coups de main, vous pourrez, dans le calme et la sécurité, aviser aux moyens de faire disparaître les périls actuels, et d'en détruire encore les causes pour l'avenir. Vous vous occuperez, enfin, efficacement des finances par lesquelles notre perte est inévitable, si vous ne vous hâtez de substituer des remèdes réels à de vains et dangereux palliatifs. Vous vous empresserez d'extirper radicalement le chancre dévorateur qui recommence à se faire sentir dans les régions désolées de l'Ouest, mais dont les progrès seront bientôt arrêtés, si on le veut fortement, comme je ne doute pas que vous le voudrez ; mais sur-tout vous n'épargnerez rien pour procurer à la France cette paix honorable achetée par tant et de si grands sacrifices.

Représentans du peuple, ne concevez aucune inquiétude sur l'exécution de votre décret : d'abord il est puisé dans la constitution elle-même, à qui tout doit être soumis ; ensuite il aura pour garant la confiance publique que vous avez méritée jusqu'ici par votre courage autant que par votre sagesse, et que votre généreux dévouement dans les conjonctures où nous sommes, va faire monter au plus haut degré. S'il fallait quelque chose de plus, je vous dirais que Bonaparte est là, prêt à exécuter votre décret aussi-tôt que vous l'en aurez chargé. Cet homme illustre qui a tant mérité de la patrie, brûle de couronner ses nobles travaux par cet acte de dévouement envers la république et la représentation nationale.

Représentans du peuple, la voix de la patrie, la voie de votre conscience se font entendre : point de temporisation ; elle pourrait vous coûter de bien amers regrets.

Je vous propose, aux termes de la constitution, le projet de décret irrévocable qui suit, et je vous le propose avec d'autant plus de confiance, qu'un grand nombre de nos collègues, honorés de votre confiance, ont partagé mon vœu.

PROJET DE DÉCRET.

Le conseil des anciens, en vertu des articles 102, 103 et 104 de la constitution, décrète ce qui suit :

Art. 1er. Le corps législatif est transféré dans la commune de Saint-Cloud ; les deux conseils y siégeront dans les deux ailes du palais.

II. Ils y seront rendus demain 19 brumaire, à midi. Toute continuation de fonctions, de délibérations, est interdite ailleurs et avant ce tems.

III. Le général Bonaparte est chargé de l'exécution du présent décret. Il prendra toutes les mesures nécessaires pour la sûreté de la représentation nationale.

Le général commandant la dix-septième division militaire, la garde du corps législatif, les gardes nationales sédentaires, les troupes de ligne qui se trouvent dans la commune
de Paris et dans l'arrondissement constitutionnel, et dans
toute l'étendue de la dix-septième division, sont mis immédiatement sous ses ordres, et tenus de le reconnaître en
cette qualité.

Tous les citoyens lui prêteront main-forte à sa première
réquisition.

IV. Le général Bonaparte est appelé dans le sein du
conseil, pour y recevoir une expédition du présent décret,
et prêter serment. Il se concertera avec la commission des
inspecteurs des deux conseils.

V. Le présent décret sera de suite transmis par un messager, au conseil des cinq-cents et au directoire exécutif;
il sera imprimé, affiché, promulgué et envoyé dans toutes
les communes de la république par des couriers extraordinaires.

Montmayou et plusieurs membres demandent à faire des
observations sur ce projet, d'autres, qu'il soit mis aux voix
sur-le-champ.

Dentzel : La liberté des opinions !

Le président consulte le conseil, qui ferme la discussion, et
le projet est mis aux voix et adopté.

Sur la proposition de Cornudet, le conseil des anciens décrète en outre l'adresse aux Français qui suit :

Le conseil des anciens aux Français.

« Français, le conseil des anciens use du droit qui lui est
délégué par l'article 102 de la constitution, de changer la
résidence du corps législatif.

« Il use de ce droit pour enchaîner les factions qui prétendent
subjuguer la représentation nationale, et pour rendre la paix
intérieure.

« Il use de ce droit pour amener la paix extérieure, que
vos longs sacrifices et l'humanité réclament.

« Le salut commun, la prospérité commune, tel est le but
de cette mesure constitutionnelle ; il sera rempli.

« Et vous, habitans de Paris, soyez calmes ; dans peu, la
présence du corps législatif vous sera rendue.

» Français, les résultats de cette journée feront bientôt foi si le corps législatif est digne de préparer votre bonheur, et s'il le peut.

» Vive le peuple, par qui et en qui est la république !

» La présente adresse sera imprimée, proclamée, et affichée à la suite du décret de translation de la résidence du corps législatif, comme en faisant partie ».

Le conseil charge la commission des inspecteurs de faire notifier, sur-le-champ, au général Bonaparte le décret qui le concerne.

La séance est suspendue jusqu'à l'arrivé de Bonaparte. A neuf heures et demie la séance est reprise.

Le général Bonaparte est introduit à la barre. Il est accompagné des généraux Berthier, Lefebvre, Moreau, Macdonald, etc.

Le président lui accorde la parole.

Le général Bonaparte : Citoyens représentans, la république périssait ; vous l'avez su, et votre décret vient de la sauver. Malheur à ceux qui voudraient le trouble et le désordre ! je les arrêterai, aidé du général Lefebvre, du général Berthier et de tous mes compagnons d'armes.

Qu'on ne cherche pas dans le passé des exemples qui pourraient retarder votre marche ! Rien dans l'histoire ne ressemble à la fin du dix-huitième siècle ; rien dans la fin du dix-huitième siècle ne ressemble au moment actuel.

Votre sagesse a rendu ce décret ; nos bras sauront l'exécuter.

Nous voulons une république fondée sur la vraie liberté, sur la liberté civile, sur la représentation nationale ; nous l'aurons.... je le jure ; je le jure en mon nom et en celui de mes compagnons d'armes.

De vifs applaudissemens partent des tribunes. Le président les rappelle à l'ordre. — Le conseil reste calme.

Le président : Général, le conseil des anciens reçoit vos sermens ; il ne forme aucun doute sur leur sincérité et votre zèle à les remplir. Celui qui ne promit jamais en vain des victoires à la patrie, ne peut qu'exécuter avec dévouement ses nouveaux engagemens de la servir et de lui rester fidèle.

Garat demande la parole. — Le président lui observe que d'après le décret que le conseil vient de porter, il ne peut plus y avoir de discussion, ni à Paris ni ailleurs, avant demain midi.

Le président annonce que l'ordre du jour, demain à midi, à Saint-Cloud, sera un rapport de Lebrun sur les finances.

La séance est levée aux cris de *vive la république!*

———————————

Aussi-tôt après que le conseil des anciens eut rendu le décret que nous venons de rapporter, les représentans Cornet et Barailon, membres de la commission des inspecteurs, sont montés en voiture, accompagnés des citoyens Huard et Luzebis, huissiers du conseil, chargés de notifier le décret au général, dans sa maison, rue de la Victoire, où il se trouvait encore. Le citoyen Huard, en remettant le décret au général, lui dit : *Général, le conseil des anciens m'a chargé de vous notifier le décret qui vous nomme commandant de la garde du corps législatif. C'est pour moi un grand jour, puisqu'il me procure l'honneur de voir un grand homme, et le sauveur de ma patrie.*

Le général, en recevant le décret, a répondu, en se tournant vers le général Lefebvre qui était présent : *Oui, nous la sauverons.*

Les citoyens Cornet et Barailon sont entrés ensuite chez le général.

Bientôt après, le général ayant donné ordre à son état-major de le suivre, est monté à cheval, et s'est rendu dans le sein du conseil pour y prêter serment.

Après la levée de la séance, le général est monté, avec les officiers-généraux, au local de la commission des inspecteurs, pour y concerter les mesures à prendre. C'est-là qu'il a rédigé ses proclamations, organisé son état-major, et donné des ordres pour l'arrivée des troupes.

Voici l'ordre du jour, par lequel l'organisation de l'état-major a été annoncée aux troupes.

Ordre du jour. — Paris, 18 *brumaire, an* 8 *de la république française, une et indivisible.*

En conséquence du décret du conseil des anciens, en date du 18 brumaire, qui donne le commandement de la 17ᵉ division militaire, de la garde du corps législatif, du directoire exécutif, des gardes nationales sédentaires, des troupes de ligne qui se trouvent dans la commune de Paris, dans l'arrondissement constitutionnel et dans toute l'étendue de la 17e division, au général Bonaparte.

Le général Bonaparte nomme le général de division Lefèbvre son premier lieutenant, et le général de brigade Andréossi, chef de l'état-major-général, ayant sous ses ordres les adjudans-généraux Caffarelli et Doucet.

Le général de division Murat commande toutes les troupes à cheval.

Le général de division Lannes commande au palais national des anciens; il aura pour chef d'état-major le chef de brigade Milhaud.

Le général de brigade Marmont commande l'artillerie.

Le général de division Berruier conserve le commandement de la place des Invalides.

Le général de brigade Morand conserve le commandement de la place de Paris.

Signé BONAPARTE.

Pour copie conforme,

Le général de division, ALEXANDRE BERTHIER.

Indépendamment de ces nominations, le général Macdonald a été nommé commandant dans la division militaire de Versailles; le général Moreau commandant de la garde du Luxembourg; et le général Serrurier a été chargé, pour le lendemain, du commandement de la garde des deux conseils à Saint-Cloud.

Quelques tems après, tout le corps des grenadiers de la garde du corps législatif a pris les armes; les Tuileries ont été fermées, et l'on y a vu arriver successivement divers corps de troupes de ligne, avec plusieurs escadrons de dragons, de chasseurs à cheval et de grosse cavalerie, et une compagnie d'artillerie à cheval, outre celle des bataillons. Les différens corps, compris la garde du corps législatif, et une partie des grenadiers de la garde du directoire qui vinrent bientôt après, montaient à quatre à cinq mille hommes; ils se rangèrent en bataille en avant du palais des anciens.

Vers les onze heures, le général Bonaparte s'est rendu dans

le

le jardin avec son état-major, pour passer la revue des troupes, et s'en faire reconnaître en sa qualité de commandant en chef, nommé par le conseil des anciens.

Au moment où il sortait du palais, le citoyen Botot, secrétaire du directeur Barras, se présenta à lui porteur d'une lettre qu'on a dit être de ce directeur, et par laquelle on ajoute qu'il lui annonçait l'intention de donner sa démission. On remarqua que le citoyen Botot dit en peu de mots, et assez bas, au général, le motif qui l'amenait. Bonaparte après lui avoir fait signe de se retirer un peu, s'avança vers les troupes pour les haranguer.

Voici plusieurs traits de son discours tels qu'ont pu les recueillir de mémoire, plusieurs citoyens alors présens.

...... Soldats, l'armée s'est unie de cœur avec moi, comme je me suis uni avec le corps législatif.... La république serait bientôt détruite si le conseil ne prenait des mesures fortes et décisives.... Dans quel état j'ai laissé la France, et dans quel état je l'ai retrouvée ? Je vous avais laissé la paix, et je retrouve la guerre Je vous avais laissé des conquêtes, et l'ennemi presse vos frontières. J'ai laissé nos arsenaux garnis, et je n'ai pas trouvé une arme. Nos canons ont été vendus : le vol a été érigé en système, les ressources de l'état épuisées : on a eu recours à des moyens vexatoires, réprouvés par la justice et le bon sens; on a livré le soldat sans défense. Où sont-ils les braves, les cent mille camarades que j'ai laissés couverts de lauriers ? Que sont-ils devenus ?....

...... Cet état de choses ne peut durer. Avant trois mois il nous mènerait au despotisme. Mais nous voulons la république, assise sur les bases de l'égalité, de la morale, de la liberté civile et de la tolérance politique. Avec une bonne administration, tous les individus oublieront les factions dont on les fit membres, pour leur permettre d'être Français. Il est tems enfin que l'on rende aux défenseurs de la patrie la confiance à laquelle ils ont tant de droits. A entendre quelques factieux, bientôt nous serions tous des ennemis de la république, nous qui l'avons affermie par nos travaux et notre courage. Nous ne voulons pas de gens plus patriotes que les braves qui sont mutilés au service de la république....

B

Ce discours est plusieurs fois interrompu par un applaudissement général. Il est suivi des acclamations répétées : *Vive la république, vive Bonaparte.*

On dit avoir remarqué, que le général invita ensuite le citoyen Botot à le suivre dans un cabinet voisin, où, s'il faut en croire une lettre insérée dans quelques journaux, il lui dit assez haut pour être entendu de quelques personnes présentes........ *Dites à Barras, que je lui suis inviolablement attaché, et que tant que je vivrai je m'opposerai aux attaques de tous ses ennemis, et le défendrai contre elles.*

La revue étant terminée, la plus grande partie des troupes sont restées dans le jardin, ainsi que dans plusieurs salles du palais ; d'où elles ne partirent que le lendemain matin pour Saint-Cloud. L'état-major s'est tenu, pendant la journée, dans les salles du bureau des procès-verbaux.

Le général Bonaparte s'est-tenu, pendant la plus grande partie de la journée, dans le local de la commission des inspecteurs, avec les généraux Lefebvre, Berthier, Murat, etc.

Entre onze heures et midi, on a affiché, dans Paris, le décret du conseil des anciens, ainsi que les deux proclamations ci-jointes du général en chef.

Bonaparte, général en chef, aux citoyens composant la garde nationale sédentaire à Paris ; du 18 brumaire, an 8 de la république française, une et indivisible.

Citoyens, le conseil des anciens, dépositaire de la sagesse nationale, vient de rendre le décret ci-joint. Il y est autorisé par les articles 102 et 103 de l'acte constitutionnel.

Il me charge de prendre les mesures pour la sûreté de la représentation nationale. Sa translation est nécessaire et momentanée. Le corps législatif se trouvera à même de tirer la représentation du danger imminent où la désorganisation de toutes les parties de l'administration nous conduit.

Il a besoin, dans cette circonstance essentielle, de l'union et de la confiance des patriotes. Ralliez-vous autour de lui ;

c'est le moyen d'asseoir la république sur les bases de la liberté civile, du bonheur intérieur, de la victoire et de la paix.

Vive la république !   Bonaparte.

Pour copie conforme,

                    Alexandre Berthier.

Bonaparte, général en chef, aux Soldats.

                    Au quartier-général, à Paris,
                    le 12 brumaire, an 8.

Soldats, le décret extraordinaire du conseil des anciens est conforme aux articles 102 et 103 de l'acte constitutionnel. Il m'a remis le commandement de la ville et de l'armée.

Je l'ai accepté pour seconder les mesures qu'il va prendre, et qui sont toutes entières en faveur du peuple.

La république est mal gouvernée depuis deux ans. Vous avez espéré que mon retour mettrait un terme à tant de maux ; vous l'avez célébré avec une union qui m'impose des obligations que je remplis : vous remplirez les vôtres, et vous seconderez votre général avec l'énergie, la fermeté et la confiance que j'ai toujours vues en vous.

La liberté, la victoire et la paix replaceront la république française au rang qu'elle occupait en Europe, et que l'ineptie ou la trahison a pu seule lui faire perdre.

Vive la république !   Bonaparte.

Pour copie conforme,

                    Alexandre Berthier.

Ces affiches furent bientôt suivies de deux autres proclamations du ministre de la police, et de l'administration du département de la Seine. Nous croyons devoir transcrire ici ces deux pièces.

                    Paris, le 18 vendémiaire an 8.

Le ministre de la police générale de la république, à ses concitoyens.

Citoyens ; la république était menacée d'une dissolution prochaine.

Le corps législatif vient de saisir la liberté sur le penchant du précipice, pour la replacer sur d'inébranlables bases.

Les évènemens sont enfin préparés pour notre bonheur et pour celui de la postérité.

Que tous les républicains soient calmes, puisque leurs vœux doivent être remplis; qu'ils résistent aux suggestions perfides de ceux qui ne cherchent dans les évènemens politiques que les moyens de troubles, et dans les troubles que la perpétuité des mouvemens et des vengeances.

Que les faibles se rassurent; ils sont avec les forts: que chacun suive avec sécurité le cours de ses affaires et de ses habitudes domestiques.

Ceux-là seuls ont à craindre et doivent s'arrêter, qui sèment les inquiétudes, égarent les esprits et préparent le désordre. Toutes les mesures de répression sont prises et assurées; les instigateurs des troubles, les provocateurs à la royauté, tous ceux qui pourraient attenter à la sûreté publique ou particulière, seront saisis et livrés à la justice.

Le ministre de la police générale,   *Signé* Fouché

Paris, le 18 brumaire an 8.

L'administration centrale du département de la Seine,
à ses concitoyens.

Citoyens, ce jour n'est point un jour d'alarmes, c'est celui qui vous promet au contraire une restauration générale.

Le conseil des anciens a fait usage du pouvoir que la constitution lui donne par l'article 162. Ses intentions sont pures, ses vues sont évidentes; il veut que le corps législatif soit placé de manière à ne pouvoir être distrait des grands intérêts auxquels il faut pourvoir avec promptitude.

Nos braves délaissés dans leurs triomphes comme ils l'étaient dans leurs revers;

Les ressources de l'état encore plus entravées qu'épuisées;

Toutes les dépenses publiques et particulières suspendues;

Tous les ateliers fermés;

Le pauvre sans ouvrage, le propriétaire sans sûreté: la paix seule peut mettre un terme à tant de maux.

Le conseil des anciens en a conçu les vues, il veut le rétablissement de l'ordre intérieur , la restauration de la liberté , de la propriété et l'affermissement de la république.

Les conseils ont besoin , pour accomplir ce grand dessein , d'être quelques jours à l'abri des factions ; mais leur absence ne peut être que très-courte : le lieu qu'ils ont choisi pour leurs séances est une assurance de la promptitude de leur retour.

Le général Bonaparte, dans lequel tout citoyen , comme tout soldat, a placé une juste confiance , est chargé de veiller à votre sûreté , à celle du corps législatif, dans cette circonstance si éminente ; et vous le verrez ainsi , avec satisfaction , s'acquérir une nouvelle gloire , celle de concourir , au milieu de vous , au salut de la patrie.

Que chacun de vous espère donc au retour de la splendeur et de la prospérité nationales , et recueille enfin tout le fruit des sacrifices qu'il a faits pour l'établissement de la république.

> *Signé* Lecouteulx , *président ;* Sabatier , Sauzay , Davous et Guinebauds , *administrateur ;* Réal , *commissaire du directoire exécutif ;* Houdeyer , *secrétaire-général.*

Ces affiches, de l'autorité publique , furent bientôt suivies de plusieurs affiches particulières , dont l'objet était d'éclairer les citoyens sur l'importance du but qu'on se proposait , sur la légitimité des moyens qu'on y employait, et sur l'absurdité des soupçons que la malveillance ne manquerait pas de répandre contre le général qui mettait courageusement en avant l'autorité de son nom pour en imposer aux agitateurs , et se dévouait ainsi au bien public et à la haine des factions.

Nous ne citerons ici que deux de ces affiches , dont plusieurs passages fixèrent alors particulièrement l'attention publique.

« Voici d'abord l'extrait d'un dialogue qu'on distribua au public , immédiatement après l'émission du décret rendu par le conseil des anciens , sur la translation du corps législatif. Les interlocuteurs sont un membre des cinq-cents et un membre des anciens.

« *Le membre des cinq-cents.* Expliquez-moi comment

un acte si arbitraire a pu s'exercer par le conseil des anciens?....

« *L'ancien.* Arbitraire! Ouvre donc la constitution. L'article 101 porte: « Que le conseil des anciens peut changer la
» résidence du corps législatif; qu'il indique en ce cas un
» nouveau lieu et l'époque à laquelle les deux conseils sont
» tenus de s'y rendre. Que son décret sur cet objet est irré-
» vocable. »

» *D.* Mais il faut des motifs; il faut du trouble, du désordre dans le lieu de la résidence actuelle, et Paris est tranquille.

« *R.* La constitution ne met aucune condition à l'exercice du droit de translation qu'elle confère aux anciens. Il faut, dites-vous, qu'il y ait du trouble dans le lieu des séances; il suffit qu'on puisse en prévoir, et dans les circonstances où nous sommes, qui osera dire que le trouble soit impossible? Il doit suffire aussi que le conseil veuille une plus grande sécurité pour *l'émission libre d'opinions* capables d'agiter les ennemis de la liberté publique; car, du moment où le corps législatif ne se croit pas assez libre, il ne l'est réellement pas.

» *D.* Comment fait-on intervenir la force dans ceci, et en vertu de quoi les anciens peuvent-ils en disposer?

» *R.* En vertu de la constitution et du bon sens. Quand la constitution donne aux anciens le droit de translation absolu, elle leur donne implicitement les moyens d'exécution. Qui veut la fin; veut les moyens. Il serait absurde qu'elle eût conféré aux anciens le droit de se soustraire à une oppression existante ou prévue, et qu'elle leur eût refusé la force nécessaire pour exercer ce droit. Les articles 103 et 104 de la constitution déclarent *coupables d'attentat contre la sûreté* de la république les membres du conseil des cinq-cents, qui résisteraient à la translation, et ceux des directeurs qui en retarderaient le sceau, l'envoi et la *promulgation* du décret. La constitution prévoit donc l'opposition des cinq-cents et du gouvernement à la translation. Ce serait donc accorder aux anciens une faculté illusoire, que de laisser la force légale à la disposition de ceux à l'influence de qui ils jugent à propos de se soustraire.

» *D.* Mais enfin que veut-on faire?

» *R.* Ce qu'on veut faire ? Tu n'étais donc pas alarmé de voir que rien ne se faisait ; peut-on faire quelque chose de pis que de ne rien faire ? Tu ne vois donc pas que nous touchions au moment où rien n'aurait plus été possible à faire , ni la paix , ni la guerre ; où rien n'aurait plus été possible à récupérer, ni la liberté , ni la propriété , ni la constitution républicaine ? Tu ignores donc que la loi spoliatrice de l'emprunt forcé a ruiné nos finances ; que la loi des ôtages nous a donné la guerre civile; qu'une partie du revenu de l'an 8 est dévoré par des réquisitions; que tout crédit public est éteint ; que toutes les dépenses particulières , qui sont le revenu de l'ou- vrier , sont suspendues ; que tous les ateliers sont fermés ; que nous entrons dans un hiver où le pauvre est menacé de se trouver sans ouvrage , et le riche sans sûreté…… ; que… . la paix seule peut mettre un terme à tant de maux ; que la res- tauration de notre constitution , par-tout ébréchée , peut seule en prévenir le retour et fixer a-la-fois les incertitudes des puissances étrangères pour négocier avec la France , et les terreurs des citoyens , toujours placés entre la tyrannie et l'anarchie ; voilà les grands intérêts auxquels il nous faut pourvoir avec promptitude et maturité , loin des esprits in- quiets , turbulens , mal intentionnés , loin des factions entre- tenues au milieu de nous par l'étranger. Voilà pourquoi il faut mettre , pendant quelques momens, entre Paris et l'auto- rité , entre l'intrigue et les lumières , entre la perversité et le patriotisme, la distance de quelques lieues , qui en gênent les communications.

» *D.* Mais je crains l'intervention de Bonaparte dans cette affaire. Le sort de la liberté dépendra-t-il de lui ? S'il était un César, un Cromwel……

» *R.* Un César, un Cromwel !…… *Mauvais rôles, rôles usés, indignes d'un homme de sens, quand ils ne le se- raient pas d'un homme de bien.* C'est ainsi que Bonaparte lui-même s'en est expliqué dans plusieurs occasions. Dans le fait, quelle est ici sa conduite ? On l'appelle, et il se pré- sente ; le conseil commande , et il obéit : voilà tout. Sais-tu ce qui l'aurait rendu fort suspect à mes yeux ? Ce n'aurait pas été une acceptation précipitée, pas même une offre em- pressée de son bras et de sa renommée, c'aurait été son refus. Le conseil des anciens ayant conçu des vues pour la pacification générale, le rétablissement de l'ordre intérieur, la restauration de la liberté, de la propriété et l'affermissement de la constitution républicaine ; requérant Bonaparte d'assurer seulement la translation du corps législatif, et Bonaparte refusant de concourir ainsi au salut public..... voici, ce me semble, ce que tout homme clairvoyant devrait dire de lui « Un système d'ambition profonde a déterminé ce refus : l'anarchie s'avance, la dissolution est imminente, et Bonaparte le voit. Il va demander le commandement d'une armée, il l'obtiendra. Une fois, à la tête de soixante ou quatre-vingt mille hommes, lorsque le désordre sera à son comble en France, lorsque chaque citoyen, las de chercher une victime ou un refuge inutile, tournera ses regards vers lui, lui tendra les bras, lui demandera ou vengeance ou justice, et toujours protection, alors il n'aura besoin, pour se trouver investi du pouvoir absolu, que de consentir à l'être ; ce sera la royauté elle-même (et quelle royauté !) qui viendra s'offrir à lui, ce sera la nation avilie par le malheur qui lui offrira un sceptre de fer. Voilà, mon ami, ce que le refus de Bonaparte signifierait pour moi ».

Dans une autre affiche, intitulée : *Un Français aux Français, sur Bonaparte*, on fixait plus particulièrement encore l'attention des citoyens, et sur les espérances que devait faire concevoir la co-opération de ce héros, à l'entreprise à laquelle il attachait la gloire de son nom, et sur la réputation non moins brillante de génie et de probité, dont jouissait depuis long-tems le magistrat qu'on savait alors le seconder de ses vues ; sur les deux hommes, enfin, que l'opinion publique désignait déjà comme les auteurs, et les plus dignes de l'être, de la révolution salutaire qui se préparait, et qui avaient besoin, en effet, d'être investis de toute la confiance nationale, pour pouvoir la réaliser avec succès. Voici comment se terminait cette pièce :

« Que les représentans du peuple dignes de cette fonc-
» tion, que le magistrat qui, seul, dans les dernières crises
» de la liberté, a soutenu le double choc de l'anarchie et
» de la tyrannie ; que le guerrier qui nous est rendu par
» le génie protecteur de la république, que Bonaparte,
» investi par eux d'un pouvoir digne des talens qu'il a
» consacrés à la liberté, s'élèvent, se montrent, et mettent
» enfin

» enfin un terme à la révolution. A eux seuls appartient de
» la terminer honorablement, et de rendre la république à
» jamais redoutable à la royauté et à l'anarchie. Ce sont les
» hommes plus que les choses, plus que la perfection, qui
» ont manqué jusqu'à-présent à nos lois constitutionnelles.
» Il ne faut pas qu'un citoyen si éminent par ses services,
» reste plus long-tems étranger aux affaires. Il est nécessaire
» que les idées de force et de puissance se présentent désor-
» mais à côté du magistrat, comme celles de justice et d'im-
» partialité à côté des lois. Tout exige, enfin, qu'avec les
» hommes qui nous ont enseigné la liberté, marche celui
» qui l'a défendue et affermie.

» Qu'on ne nous parle plus de l'envoyer à l'ennemi. La
» patrie lui défend de s'éloigner de Paris. Qu'il n'expose
» plus au loin une gloire que l'impuissance même du gou-
» vernement ne peut que compromettre. Sa gloire, son
» nom, son existence, ces grandes propriétés nationales,
» nous sont nécessaires dans l'intérieur.

» Braves soldats de la république, c'est de Paris que les
» savantes combinaisons de Bonaparte peuvent le plus sûre-
» ment vous conduire à la victoire, s'il faut encore vaincre.
» Citoyens, c'est à Paris que Bonaparte doit être pour nous
» donner la paix ».

CONSEIL DES CINQ-CENTS.

*Séance du conseil des cinq-cents, tenue à Paris dans le
lieu ordinaire de ses séances, le 18 brumaire an 8, au
matin.*

Les membres du conseil se réunissent à midi.

Un secrétaire commence la lecture du procès-verbal, du
16 de ce mois. Elle est interrompue par l'arrivée d'un messager d'état du conseil des anciens, qui est introduit dans la
salle.

Le président annonce qu'il est porteur d'un décret du conseil des anciens, dont il donne lecture, ainsi que d'une adresse
aux Français. (*Voyez ces pièces dans la séance du conseil
des anciens.*)

Le président : En exécution de l'article 103 de la constitution, prononce l'ajournement de la séance à demain midi, et indique la commune de Saint-Cloud pour le lieu où elle devra être tenue.

Plusieurs membres s'écrient : *vive la république ! vive la constitution de l'an 3 !*

Ce cri est répété par l'assemblée et les spectateurs.

Le conseil se sépare.

Après que les séances des deux conseils eurent été levées, différens corps de troupes arrivèrent encore dans Paris. Vers les trois heures, le général Moreau, nommé commandant du Luxembourg, s'y rendit à la tête d'une division d'infanterie, artillerie et cavalerie. Les principaux postes furent doublés, notamment ceux des barrières, qui demeurèrent fermées pendant quelques instans, et à ce qu'il paraît, par une extension donnée par erreur, aux ordres qui avaient été donnés, pour y faire exercer la plus exacte surveillance.

L'ex-directeur Barras, qui avait obtenu du général Bonaparte l'autorisation de se retirer à sa maison de campagne, à Gros-Bois, avec une garde de trente dragons, pour sa sûreté, se présenta à la barrière de Vitry vers une heure ; mais le poste refusa de les laisser sortir ; on menaça même, dit-on, d'éventrer ses chevaux, s'il s'obstinait à passer ; après avoir insisté fortement, et s'être présenté deux fois, il fut obligé de se retirer, et d'envoyer chez le général Bonaparte, qui envoya bientôt après l'ordre de le laisser passer.

Quant aux mesures générales qui furent prises dans cette journée, on ne peut pas encore les connaître toutes, si ce n'est sur des oui-dire. Voici cependant quelques faits importans, dont nous avons acquis la certitude, et qui n'avaient pas encore été publiés.

Le 18, dès les sept heures du matin, après avoir convoqué les membres du conseil des anciens, la commission des inspecteurs de ce conseil invita, par une lettre particulière, chacun des membres du directoire exécutif à se rendre dans le sein de la commission. A neuf heures, Sieyes et Roger-Ducos y arrivèrent, mais quoiqu'on eût fait prévenir les trois autres directeurs de leur arrivée, ceux-ci ne se pressèrent point de s'y rendre. Il paraît que le directeur Barras ne voulut prendre part à rien de ce qui se passait, puisque dès les onze heures du matin il chargea son secrétaire de porter à Bonaparte sa lettre de démission ; c'est du moins ce qu'il a fait publier par la voie des journaux, dans un petit écrit intitulé : *La conduite de Barras dévoilée*, et dans lequel on affirme qu'il s'est constamment refusé, ce jour-là, à se rendre au lieu des séances du directoire, quoique le directeur Moulins et le président Gohier l'en eussent fait prier par le secrétaire-général, et se fussent mêmes transportés successivement chez lui, dit cet écrit, pour l'inviter, de la manière la plus pressante, à venir se réunir à eux.

D'après son refus, si ce récit est exact, comme il y a lieu de le croire, les membres qui restaient au Luxembourg, ne formant plus majorité, ne purent prendre aucune mesure, et la séance du directoire resta vacante.

On dit que les deux directeurs qui étaient à la commission des inspecteurs, firent inviter de nouveau le président Gohier à s'y rendre, pour signer la formule exécutoire au bas du décret du conseil des anciens, et y apposer le sceau de l'état. Ce qui est certain, c'est qu'il s'y rendit vers les trois heures. Là il signa l'ordre de la promulgation du décret, conformément à la formule constitutionnelle, ainsi que le secrétaire-général.

Gohier avait pour ce jour-là un dîner de vingt couverts, auquel Bonaparte était invité. En sortant de la commission des inspecteurs, il dit au général Bonaparte : « Sans doute, géné-« ral, la translation du corps législatif ne change rien à nos « projets ; je vous attends toujours à dîner. » Bonaparte répondit qu'il ne pouvait se rendre à son invitation.

Le directeur Moulins vint à la commission des inspecteurs, à-peu-près à la même heure, et s'y trouva avec le citoyen Gohier. Il demanda ce qu'on voulait faire. Le général Bonaparte qui le croyait parent de Santerre, qu'on disait occupé à remuer les faubourgs, lui répondit, à ce qu'on assure : « Dites « à votre parent que s'il remue, je le fais juger par une com-« mission militaire, et fusiller à l'instant ».

On engagea fortement Moulins à donner sa démission ; mais il s'y refusa constamment. Il retourna au Luxembourg, où il fut mis en surveillance, par les ordres du général Bonaparte. Mais il parvint à s'échapper dans la soirée, par une fenêtre

On a publié qu'il avait, le matin, donné l'ordre à un bataillon, d'aller cerner la maison de Bonaparte ; nous ignorons si ce fait est vrai, et n'avons pu nous en instruire, quelques démarches que nous ayons faites pour avoir des renseignemens à ce sujet ; nous avons dû regarder cette anecdote comme douteuse ; du moins faut-il que le bataillon auquel cet ordre aurait été donné, eût refusé de l'exécuter, car nulle troupe armée n'a approché la maison du général ; et l'on sent d'ailleurs, qu'outre l'imprudence d'un tel ordre, pour qui connaissait l'opinion des troupes, il n'appartenait pas à un membre isolé du directoire d'en donner de cette espèce.

Il paraît que le citoyen Gohier, au sortir de la commission des inspecteurs, est également retourné chez lui, au Luxembourg. Comme il n'avait manifesté, et qu'on ne pouvait craindre de sa part aucune opposition à ce qui se faisait, on n'avait eu aucune raison de le presser à donner sa démission, et il ne la donna, en effet, que dans la nuit du 18 au 19.

La première nouvelle du décret du conseil des anciens avait porté l'étonnement dans Paris ; bientôt le nom de Bonaparte, ses proclamations, celle du conseil, l'espoir d'un nouvel ordre de choses, qui allait promptement mettre un terme aux injustices, aux vexations de toutes espèces, et à la misère qui en était la suite ; enfin, la joie de se voir délivrés de la tyrannie des hommes de sang, dont on connaissait les complots, pour se ressaisir du pouvoir, et contre qui cette révolution paraissait principalement dirigée, excitèrent, parmi tous les habitans de cette grande cité, la satisfaction la plus vive, et, comme l'a remarqué un écrivain judicieux, cette journée ressemblait plus à un jour de fête, qu'à celui d'une crise politique.

Néanmoins toutes les mesures de prudence furent prises pour maintenir l'ordre public.

La commission des inspecteurs resta en permanence jusqu'au soir. Tous les ministres s'y rendirent successivement, et y concertèrent les dispositions nécessaires, pour assurer en même tems la tranquillité des départemens, que les évenemens que cette journée annonçait aurait pu alarmer, si on ne se fût empressé de prévenir par des circulaires et de sages proclamations, les interprétations de la malveillance,

Chaque ministre fit aussi-tôt des lettres pour les administrations dépendantes de son ressort, et l'on suspendit le départ des courriers de la poste aux lettres, pour qu'ils pussent être prévenus par les courriers extraordinaires qu'on envoya vers le soir, porteurs des diverses lettres officielles et proclamations.

On a vu entrer également, à la commission des inspecteurs, plusieurs anciens fonctionnaires publics, parmi lesquels l'ex-ministre Talleyrand-Périgord.

Le général Bonaparte est resté à la commissions des inspecteurs jusqu'à deux heures du matin, heure à laquelle il se retira chez lui, avec son escorte.

L'état-major passa la nuit dans une salle du bureau des procès-verbaux, avec un employé de ce bureau, chargé de la garde des papiers, par ordre de la commission des inspecteurs. Une grande partie des militaires coucha dans la salle du conseil des anciens, et dans les salles extérieures, *dites* de la liberté et des conférences.

Le général Lannes, commandant de toutes les troupes en station aux Tuileries, avait fixé son quartier-général particulier, dans la salle de l'ancien comité des décrets, où il passa la nuit.

Le général Lefebvre, qui commandait précédemment la 17e. division, resta auprès du général Bonaparte, comme son premier aide-de-camp. Le général Morand resta au quartier-général de la place de Paris, sur le quai Voltaire.

Le lendemain, à la pointe du jour, une forte division de troupes de ligne de toute arme, et de grenadiers de la garde des conseils, se rendit à Saint-Cloud, sous les ordres du général Serrurier. Les membres des deux conseils s'y rendirent successivement de huit à dix heures. On leur distribua à leur arrivée des billets de logement, pour diverses maisons de cette commune, et des tentes, ainsi que beaucoup de provisions de toutes espèces y furent transportés pour les troupes.

CORPS LÉGISLATIF,

SÉANT A SAINT-CLOUD.

CONSEIL DES CINQ-CENTS.

Présidence DE LUCIEN BONAPARTE.

Séance du 19 brumaire.

La séance est ouverte à une heure, dans l'Orangerie de Saint-Cloud, aile gauche du palais, par la lecture du procès-verbal de la séance précédente.

Emile Gaudin : Citoyens représentans, un décret du conseil des anciens a transféré les séances du corps législatif dans cette commune.

Cette mesure extraordinaire ne pouvait être provoquée que par la crainte ou l'approche d'un danger extraordinaire.

En effet, le conseil des anciens a déclaré aux Français qu'il usait du droit qui lui est délégué par l'article 102 de la constitution, « pour enchaîner les factions qui prétendent subju-» guer la représentation nationale, et pour rendre la paix » intérieure ».

Représentans du peuple, reportez-vous au 30 prairial. Dans cette journée mémorable, vous voulûtes arracher le système représentatif aux usurpations du directoire exécutif, et faire jouir, enfin, le peuple français de cette liberté qu'il avait achetée au prix de tant de sacrifices.

Eh bien ! rappellez-vous les sinistres évènemens qui l'ont suivie, et où vous avez tour-à-tour figuré comme tristes témoins, ou comme acteurs dévoués.

Jamais, peut-être, l'indignité et l'indépendance de la représentation nationale ne furent plus attaquées, et plus compromises.

Jamais un plus grand oubli de toutes les idées libérales, généreuses et philantropiques.

Jamais on ne rétrograda plus rapidement vers les erreurs et la servitude de la monarchie.

Jamais, enfin, on n'eut plus à redouter une dégénération totale des esprits et des cœurs.

D'un côté, les fauteurs du royalisme ne conspirent plus dans les ténèbres; ils ont arboré l'étendard de la rebellion.

De l'autre, les passions délirantes et destructrices des démagogues s'exaltent et s'agitent d'une manière vraiment funeste et alarmante.

Déjà même elles promènent sur toutes les têtes la hache de la terreur, qu'elles ne tiennent plus suspendue qu'à un fil.

Représentans du peuple, il est tems de sauver la patrie;

Il est tems de prouver les principes de la révolution;

Il est tems, enfin, d'assurer au peuple la jouissance toute entière des droits et des avantages qu'elle lui avait promis.

Vous y parviendrez aisément, si vous déployez, le 19 brumaire, le dévouement des 27 et 28 fructidor.

Je demande, 1°. la formation, d'une commission extraordinaire.

2°. Qu'elle fasse son rapport séance tenante;

3°. Que toute proposition qui serait faite lui soit renvoyée;

4°. Que toute délibération jusque-là soit suspendue.

Plusieurs voix : Appuyé.

Delbrel : La constitution d'abord.

Grandmaison : Je réclame la parole.

Delbrel : La constitution ou la mort.... Les bayonnettes ne vous effraient pas, nous sommes libres ici....

Plusieurs voix : Oui; Point de dictateurs, à bas les dictateurs!...

Les cris de *vive la constitution !* s'élèvent.

Delbrel : Je demande qu'on renouvelle le serment de fidélité à la constitution.

Les acclamations se renouvellent.

Une foule de membres se porte au bureau.

Les cris *à bas les dictateurs* recommencent.

Le plus grand tumulte règne dans l'assemblée. Plusieurs membres entourent le président, et le somment à grands cris de mettre aux voix la prestation du serment. Un grand mouvement se manifeste aussi-tôt dans l'assemblée; tous les membres se lèvent. Delbrel, Marquésy, Belin, Dessaix, Bigonnet, Grandmaison, etc. remplissent la tribune. On entend ces mots: Le serment! le serment! Au milieu de ces cris tumultueux, on remarque que le président est insulté de

gestes et de paroles, il est menacé violemment ; il se couvre ;
il se lève (1).

Le président (Lucien Bonaparte) : « Je sens trop la di-
» gnité de président du conseil, pour souffrir plus long-tems
» les menaces insolentes de quelques orateurs, et pour ne pas
» rappeler, de tout mon pouvoir, l'ordre et la décence dans
» le conseil ».

Grandmaison : Représentans, la France ne verra pas sans
doute, sans étonnement, que la représentation nationale, et
le conseil des cinq-cents, cédant au décret du conseil des
anciens, se soient rendus dans cette nouvelle enceinte, sans
être instruits du danger imminent, sans doute qui nous me-
naçait.

On parle de former une commission pour proposer des
mesures à prendre, pour savoir ce qu'il y a à faire. Il faudrait
plutôt en proposer une, pour savoir ce qui a été fait. On a
parlé de factieux : nous les avions signalés depuis long-tems,
et certes ils ne nous épouvantent pas. Je demande qu'on
s'informe des motifs qui nous amènent ici ; qu'on nous dise
quels sont les grands dangers qui menacent la constitution :
je dis la constitution, car tout le monde peut parler de la

---

(1) Voici comment le procès-verbal du conseil des cinq-
cents rend compte de ces mouvemens:

« Plusieurs membres s'élancent à la tribune.

« Les uns demandent qu'avant tout il soit prêté serment à
la constitution ; les autres, qu'il soit fait un message au conseil des anciens, pour connaître les motif de la translation du
corps législatif.

« Ces propositions sont faites avec clameur, répétées avec
emportement par un certain nombre de membres du conseil ;
la majorité reste calme. Cependant le tumulte augmente, à
peine peut-on entendre la voix de ceux qui observent, qu'a-
vant toute chose, la constitution prescrit de faire un message
au conseil des anciens, pour lui annoncer qu'on est réuni en
nombre suffisant pour délibérer.

« La tribune est encombrée, le bureau environné de ceux
qui poussent des cris de fureur. Le président est assailli d'injures et de menaces ; en vain il se couvre : tout annonce,
dès l'entrée de la séance, qu'une minorité factieuse et conspiratrice a formé le complot d'empêcher toute délibération ».

république ;

république ; reste à savoir quelle république l'on veut. Sera-ce celle de *Venise*, celle des *Etats-Unis* ? Prétendra-t-on qu'en Angleterre la république et la liberté existent ? Certes, ce n'est pas pour vivre sous de tels gouvernemens que nous avons, depuis dix ans, fait tous les sacrifices imaginables, que nous avons épuisé nos fortunes. Le sang français coule depuis dix ans pour la liberté : ce n'est pas pour avoir une constitution semblable à celle des *Etats-Unis*, ou un gouvernement comme celui de l'Angleterre.

Je demande, qu'à l'instant, tous les membres du conseil renouvellent le serment de fidélité à la constitution de l'an 3.

Delbrel : Le serment conforme à la loi.

Grandmaison : Nous avons besoin de soutenir la république et la constitution de l'an 3.

Bertrand (du Calvados). Ce n'est pas là ce dont il s'agit.

Grandmaison : Je demande que nous fassions le serment de nous opposer au rétablissement de toute espèce de tyrannie ; je demande, en outre, un message au conseil des anciens, pour que nous soyons instruits du plan et des détails de cette vaste conspiration, qui était à la veille de renverser la république.

Une foule de voix : Appuyé, appuyé. *Vive la république ! vive la constitution !*

L'assemblée entière se lève en répétant ces acclamations.

On demande à aller aux voix.

Le président consulte le conseil.

L'arrêté pour l'appel nominal, sur le serment, est pris à l'unanimité.

Delbrel : Faites la contre-épreuve.

La contre-épreuve est faite.

Aucun membre ne se lève.

Thibaut paraît à la tribune.

Les cris, *l'appel nominal*, s'élèvent.

Delbrel : Je demande qu'on adresse un message au conseil des anciens, pour lui annoncer que nous sommes constitués.

Bertrand (du Calvados). Nous devons procéder à l'appel nominal, il servira à constater la majorité.

Le conseil arrête, qu'il sera envoyé un message après l'appel nominal.

Le conseil procède ensuite à l'appel nominal.

D

Tous les membres appellés prêtent successivement, à la tribune, le serment dont la formule a été décrétée par la loi du...... thermidor dernier.

Il résulte de l'appel nominal, que les membres du conseil sont réunis en très-grande majorité ; en conséquence, l'arrêté suivant est mis aux voix et adopté :

« Le conseil des cinq-cents déclare qu'il est réuni en ma-
» jorité dans la commune de Saint-Cloud, au lieu désigné
» par le décret du conseil des anciens, en date du 18 du
» présent mois de brumaire, et arrête que la présente décla-
» ration sera à l'instant portée au conseil des anciens par un
» messager d'état ».

Bergoing, membre des cinq-cents, de la députation de la Gironde, adresse au conseil une lettre, par laquelle il donne sa démission des fonctions de représentant du peuple.

On lit deux messages du conseil des anciens, dont l'un annonce la réunion, en majorité, dans le palais de St-Cloud.

Le second message annonce que le conseil des anciens suspend toute délibération, jusqu'à ce que le conseil des cinq-cents lui ait fait connaître qu'il est également constitué.

Plusieurs voix. Le message qu'on vient d'envoyer répond à celui-ci.

Bigonnes : Le serment de l'Orangerie de Saint-Cloud oc-cupera sa place dans les fastes de l'histoire, il pourra être comparé à ce serment célèbre, que l'assemblée constituante prêta au Jeu-de-Paume, avec cette différence, qu'alors les représentans de la nation fuyaient les bayonnettes de la royauté, et qu'ici ils sont défendus par les bayonnettes républicaines.

Une foule de voix : Oui, oui.....

Bigonnet : Le premier serment fonda la liberté ; le second la consolidera.

Les mêmes voix : Oui, oui.....

Bigonnet : Mais le serment serait illusoire, si nous ne nous hâtons de le remplir, d'abord en adressant un message au directoire, pour lui annoncer notre installation, et ensuite en adoptant la proposition de Grandmaison, c'est-à-dire, en envoyant un message au conseil des anciens, pour lui demander compte des motifs de la convocation extraordinaire qui nous réunit ici.

Crochon : Il est un préalable nécessaire. Vous devez vous empresser, comme dans toutes les occasions importantes, d'adresser à la république une proclamation, qui lui annonce que le décret irrévocable du jour d'hier est exécuté ; que vous êtes réunis en majorité dans la commune de Saint-Cloud.

Plusieurs voix : Tous, tous, l'assemblée est complette.

N...... Il n'a pas manqué six personnes à l'appel nominal.

D'autres : Aux voix la proposition de Crochon !

La proposition de l'envoi d'une proclamation est adoptée.

Aréna : Je demande qu'il soit dressé une liste des membres qui ont répondu à l'appel nominal, et quelle soit imprimée et envoyée aux départemens. Le corps législatif ne peut avoir changé de résidence sans de grands dangers ; il faut que la France sache que nous sommes à notre poste, et que nous sommes décidés à périr pour le maintien de la constitution républicaine.

La proposition d'Aréna n'est point appuyée.

Darracq. On a proposé d'adresser un message au directoire, pour lui annoncer que nous sommes constitués ; cela est fort bien ; mais pour lui remettre ce message, il faudrait savoir où est le directoire. Quand à moi je ne sais pas où il existe ; s'il était quelque part, je pense qu'il nous l'eût annoncé. Je sais que la constitution ordonne au directoire de siéger dans la commune où se trouve le corps législatif. Eh bien ! le directoire est-il dans cette commune ? Voilà ce que nous ne savons pas. Vous enverrez un message ; il faut savoir où ce message ira. (Des brouhahas se font entendre). Oui, s'écrie l'orateur, tant que nous ne saurons où est le directoire, il est ridicule de lui envoyer un message. Voulez-vous donc que vos messagers parcourent les rues de Saint-Cloud, pour demander la maison où le directoire est logé.... (Rumeurs). Ainsi donc ; je le répète, il est inutile de proposer l'envoi d'un message au directoire dans un moment actuel. Je demande l'ordre du jour.

L'ordre du jour est mis aux voix, mais n'est point adopté.

Le conseil ordonne l'envoi d'un message au directoire.

Bertrand (du Calvados). Ce n'est point inutilement que nous avons prêté le serment de fidélité à la république et à la constitution de l'an 3. Il faut que la proclamation que nous avons arrêtée en fasse mention, et rassure tous les Français sur l'existence de la représentation nationale. Il faut, qu'en instruisant le peuple de votre installation à Saint-Cloud, vous lui fassiez connaître votre serment, et la ferme résolution où vous êtes d'y rester fidèles, et de maintenir la constitution contre toute espèce de tyrannie.

Le conseil arrête que le serment sera mentionné dans sa proclamation.

Crochon donne lecture de la rédaction de l'arrêté pris sur sa proposition. A la suite du mot décret, du conseil des anciens, se trouve celui-ci : *Irrévocable.*

Des réclamations s'élèvent.

N.... Le décret était irrévocable hier ; c'est-à-dire, qu'il fallait qu'il fut exécuté : il l'est, il peut être suivi d'un autre qui nous ramène à Paris.

Je demande que le mot *irrévocable* soit rayée.

Cet avis est adopté.

Un secrétaire donne lecture de la lettre suivante, adressée au président du conseil des anciens, et transmise par un message à celui des cinq-cents.

Paris, le 18 brumaire en 8.

Citoyen président, engagé dans les affaires publiques, uniquement par ma passion pour la liberté, je n'ai consenti à partager la première magistrature de l'état, que pour la soutenir dans ses périls par mon dévouement, pour préserver des atteintes de ses ennemis les patriotes compromis dans sa cause, et pour assurer aux défenseurs de la patrie ces soins particuliers, qui ne pouvaient leur être plus constamment donnés que par un citoyen anciennement témoin de leurs vertus héroïques, et toujours touché de leurs besoins.

La gloire qui accompagne le retour du guerrier illustre, à qui j'ai eu le bonheur d'ouvrir le chemin de la gloire, les marques éclatantes de confiance que lui donne le corps législatif, et le décret de la représentation nationale, m'ont convaincu que, quel que soit le poste où l'appelle désormais l'intérêt public, les périls de la liberté sont surmontés, et les intérêts des armées garantis. Je rentre avec joie dans les rangs de simple citoyen ; heureux , après tant d'orages , de remettre entiers , et plus respectables que jamais , les destins de la république dont j'ai partagé le dépôt.

Salut , respect ,

BARRAS.

On demande une seconde lecture de la lettre. La seconde lecture est faite.

Plusieurs membres : Qu'est-ce que cela veut dire ? Est-ce une démission ?

Duplantier : La lettre que nous venons de recevoir annonce la démission du citoyen Barras ; nous n'avons rien de plus pressé que de procéder à la formation d'une liste décuple pour le remplacer.

Plusieurs membres : Il y en a d'autres ; il faut attendre....

Delbrel : La question à examiner , avant tout , est celle de savoir si cette démission est légale et formelle , ou si elle ne l'est pas.

Une foule de voix : Elle l'est.

D'autres : Procédons à l'instant à la liste.

Bertrand (du Calvados) : Nous n'avons pas un moment à perdre. Je demande que nous nous réunissions à huit heures ce soir , pour procéder au scrutin

Plusieurs voix : A-présent !

D'autres : Demain !

Crochon : Nous ne pouvons mettre tant de précipitation à nommer à une telle magistrature , il faut y réfléchir. La constitution nous a donné le droit de passer cinq jours à former une liste de candidats , ce délai a pour motif l'importance d'une telle liste , et d'une telle élection : la constitution nous a aussi défendu de prononcer *ex abrupto*....

C'est peut-être parce qu'on n'a pas assez médité sur les choix qui ont été faits , que les évènemens actuels arrivent....

Je demande l'ajournement à demain.

Grandmaison : Jamais le conseil ne s'est trouvé dans une crise pareille ; il doit prendre toutes les mesures pour empêcher les projets contre-révolutionnaires qui se méditent.... Je rappellerai une époque non encore éloignée , où , dans une cir-

constance critique, on répandait les germes d'une vive inquiétude, on publiait qu'il existait des projets de rétablissement
du comité de salut public, de défense générale, etc. Aujour-
d'hui on peut avoir toutes autres craintes.... Oui, mes collègues, nous sommes dans des circonstances si extraordinaires,
que nul de nous ne peut s'en rendre compte; que malgré
l'imminence du danger, nous sommes tous réunis sans savoir
où est ce danger, où est l'ennemi. Ce que nous pouvons dire,
c'est que jamais péril plus imminent n'a menacé la représentation nationale..... Et c'est dans ces conjonctures que nous
apprenons la démission de l'un des magistrats suprêmes de la
république! N'est-ce pas le cas de se demander, si cette démission n'est pas elle-même l'effet des circonstances extraordinaires où nous nous trouvons? Je crois bien que dans la
grande quantité de membres qui se trouvent ici, il en est
quelques-uns qui savent d'où nous sommes partis, et où nous
allons.... (1).

---

(1) Depuis la rédaction de cette séance, il nous a été com-
muniqué une lettre du citoyen Grandmaison, qui se plaint
que son opinion ait été inexactement rendue dans plusieurs
journaux, avec lesquels notre rédaction s'accorde cependant
dans les points principaux. Le citoyen Grandmaison joint à
sa lettre une note, qu'il dit être le texte littéral de son
discours. Nous croyons que la justice exige que nous la
rapportions. Voici en conséquence, d'après le citoyen Grandmaison, ce qu'il a dit, et qui a pu être, en effet, inexactement
recueilli au milieu du tumulte et de l'agitation qui régnaient
dans l'assemblée.

Voici, dit-il, mon, opinion telle que je l'ai prononcée le
19 brumaire, après la lecture de la démission du directeur
Barras :

« Le conseil doit se rappeler une circonstance très-grave, où
l'on réussit à discréditer des républicains, en alléguant sans
preuves et sans probabilités, qu'on voulait créer un nouveau
comité de salut public, dont l'influence détruirait l'indépendance et les pouvoirs constitutionnels du corps législatif et du
directoire; mais telle était, et telle est encore, sans doute, votre
religieuse fidélité à notre charte sacrée, qu'on s'honora alors de
combattre ce fantôme, qu'on croyait déjà avoir armé pour déchirer notre pacte social

« Les circonstances où nous nous trouvons aujourd'hui, ne

Ici l'orateur est interrompu par un bruit venant de l'une des portes de la salle.

Un grand mouvement se manifeste dans l'assemblée.

Tous les regards se portent vers l'issue principale............ Le général Bonaparte paraît ; il est nue tête et sans armes ;

---

sont-elles pas plus propres à exciter l'inquiétude des représentans du peuple, qui sont témoins de grands préparatifs de guerre, sans avoir entendu parler d'hostilités commises ? La translation du corps législatif a été ordonnée et exécutée sans opposition, quoique nous ne connaissions pas encore les motifs de cette mesure extraordinaire : je pense du moins que le plus grand nombre de mes collègues ignore, ainsi que moi, le plan de cette vaste conspiration dénoncée aux anciens, quand tout Paris jouissait de la plus parfaite tranquillité. On a prétendu sauver la patrie et la représentation nationale d'un danger imminent, et l'on a usé d'un expédient constitutionnel, en décrétant notre translation.

» Si nous ne pouvons plus délibérer à Paris, après la notification de ce décret, nous devons maintenant nous disposer à reprendre notre prérogative constitutionnelle, pour être capables de proposer ce qui paraîtra juste et nécessaire ; mais nous ne pouvons discuter utilement, ni prendre aucune résolution sans être bien éclairés sur notre véritable situation, sans qu'on ait précisé les projets criminels de ces factieux, dont l'existence n'est encore manifestée que dans les délibérations, décret et proclamations du conseil des anciens. Cependant, on pourrait dire déjà, que nous avons un véritable comité de salut public, dès qu'un général a été nommé par tout autre que par le directoire, à qui l'on a encore enlevé une des plus importantes attributions, puisqu'il n'a pas été chargé de sceller, promulguer et exécuter la loi, en vertu de laquelle nous sommes réunis dans cette commune.

» Je parle avec une grande franchise et une naïveté, qui peut paraître singulière, quand je dis que je ne suis pas instruit des grands périls dont nous avons été préservés ; mais à la sécurité que j'ai remarquée sur la physionomie de ceux qui applaudissent à la translation ; je crois pouvoir assurer qu'ils ne sont pas très-effrayés de cette vaste conspiration, et qu'on a pris soin de les prévenir de ce qu'on ferait de nous à Saint-Cloud.

» Quant à la démission du directeur Barras, qu'on vient de

on remarque derrière lui quatre grenadiers et quelques officiers-généraux , également sans armes. Il leur fait signe de
rester en dehors. Il s'avance seul dans l'intérieur de la salle ,
vers le lieu où est le bureau..... (1).

La plus vive agitation se manifeste.

L'assemblée entière est à l'instant de bout....

Une foule de membres s'écrient : Qu'est-ce que cela ?
Qu'est-ce que cela ? Des sabres ici !...... Des hommes
armés !...... (Nul soldat en armes n'était entré).

Une partie des membres sortent précipitamment de leurs
siéges , se portent vers Bonaparte , le pressent, l'entourent,
le menacent avec fureur. On remarque qu'il cherche à indiquer au président, du geste et de la voix, qu'il demande à
parler ; mais le tumulte effroyable qui règne dans la salle,
les cris et le désordre ne lui permettent pas de se faire
entendre....... Il veut approcher du lieu où est placée la
tribune; déjà assaillie par une foule d'orateurs. Il ne peut y
pénétrer , il en est repoussé avec fureur.

Une foule de membres, levés sur leurs siéges, s'écrient :
Hors la loi ! Hors la loi ! A bas le dictateur !

En même-tems , d'autres députés se précipitent sur lui
avec une nouvelle fureur, cherchent à le tenir au collet ;
plusieurs le menacent de leurs pistolets et de leurs poignards,
qu'ils tiennent étendus sur lui. D'autres, des pistolets à la
main, menacent en même-tems le président du conseil, qui
cherche en vain à se faire entendre...... C'est à ce moment
que le général Lefebvre, le commissaire-ordonnateur d'Arbon,
et quelques-autres officiers , avec quelques grenadiers ,
entrent dans la salle. Pendant qu'ils s'avançaient pour garantir

---

vous notifier ; comme nous ne pouvons déterminer si elle est
la cause ou l'effet des événemens extraordinaires qui nous
pressent , je crois qu'il faut incessamment , et sans relâche ,
rechercher ce qui a été fait autour de nous , et ce que nous devons faire pour sauver la liberté et conserver la constitution,
avant de procéder au remplacement d'un directeur ».

(1) Il faut observer que cette salle, où il n'y avait qu'une
table une petite tribune et des banquettes , n'avait point de
barre, d'où le général pût parler au conseil.

les

les jours du général, prêt à tomber sous les coups des assassins, un député, de petite stature et à tête noire, le pousse violemment ; un autre lui porte un coup de poignard, qui est heureusement paré par un grenadier du corps législatif (le brave Thomé), qui en a la manche de son habit et celle de sa veste coupées...... Ce député s'échappe dans le désordre...... Bonaparte, lui-même, qui cherche à se retirer, pour mettre un terme à cette scène affreuse, reçoit plusieurs contusions. Il allait peut-être être frappé d'un nouveau coup, quand le général Lefèbvre et plusieurs autres braves, écartant les poignards, lui font un rempart de leurs corps, et l'aident à se retirer.

Bonaparte retourne avec assurance sur ses pas, et ordonne aux grenadiers de se retirer...... Mais le tumulte n'en continue pas moins ; il est à son comble...... Les cris : *Hors la loi ! à bas le dictateur !* duraient toujours...... On remarque, à l'extrémité opposée de la salle, un député, qui se lève avec un geste menaçant, et qui s'écrie à haute voix : *Si j'avais un pistolet je lui brûlerais la cervelle*...... Un autre s'écrie de la tribune : *C'est le moment d'en délivrer la France*......

En même-tems tout le tumulte se répand dans les salles voisines ; un cri de consternation se fait entendre des cours parmi les troupes..... On entend les grenadiers s'écrier : *Ils veulent assassiner notre général !*..... *Ils nous tueront tous plutôt*...... Un autre s'écrie : *C'est Aréna*......

Une agitation inexprimable règne dans la salle ; les spectateurs s'étaient élancés par quelques fenêtres, dans le jardin sur lequel est assise l'Orangerie.....

L'assemblée reste très-long-tems agitée......

On remarque cependant, depuis le commencement de cette scène, que la majorité des membres n'y prend aucune part, et qu'un très-grand nombre de membres ne cessaient de faire tous leurs efforts pour contenir les agitateurs, et faire cesser les cris des furieux.

Quelques officiers et grenadiers, restant aux portes de la salle, reçoivent les reproches les plus vifs de la part d'une foule de membres, pour avoir laissé pénétrer des personnes armées au sein du conseil,

Le président, qui ne cessait de réclamer du silence, parvient enfin à se faire entendre (1).

____

(1) Voici comment le procès-verbal du conseil des cinq-cents rend compte de cette malheureuse scène, ainsi que du désordre qu'il l'a suivi :

« .... Un membre demande que le conseil fixe le moment où l'on procédera à la formation de la liste de candidats à présenter au conseil des anciens pour le remplacement du citoyen Barras, démissionnaire.

» La discussion s'engage sur cet objet.

» Les uns demandent que la liste soit formée à l'instant, les autres proposent d'y procéder à huit heures du soir. La même effervescence, le même emportement qui se sont manifestés, dès l'entrée de la séance, de la part des membres perturbateurs, règne dans cette discussion.

» Le général Bonaparte paraît dans la salle : il est sans armes, et s'avance vers le bureau ; il veut rendre compte des mesures dont l'exécution lui a été confiée par le décret du conseil des anciens.

» Il veut, en outre, rendre compte des propositions qui lui ont été faites par les chefs des conspirations, de l'investir de la dictature, s'il consent à se réunir avec eux.

» A l'instant les membres de cette minorité, furieuse et conspiratrice, se précipitent, les uns à la tribune, les autres vers le général : on entend, au milieu du plus affreux désordre, vociférer les mots : *à bas le tyran, à bas le dictateur.*

» Plusieurs font, à grands cris, la proposition de déclarer le général Bonaparte *hors la loi* ; d'autres s'écrient : *tue, tue !* Ils s'élancent sur lui, prêts à l'atteindre, les uns armés de pistolets et de poignards, les autres le menaçant de la main. Deux des grenadiers de la garde du corps législatif, accourus au bruit de cet effroyable désordre, lui font un rempart de leurs corps, et le dérobent aux coups des assassins, qui ne dissimulent pas leur rage et exhalent hautement leurs regrets de n'avoir pu le poignarder.

» En même tems, le président est assailli, menacé par une partie des ennemis qui se sont emparés de la tribune ; l'un d'eux lui présente le bout de son pistolet.

» Cependant, les officiers-généraux de l'état-major et de la garde du corps législatif, maintiennent l'ordre et le calme parmi

Lucien Bonaparte, président. Le mouvement qui vient d'avoir lieu au sein du conseil, prouve, sans doute, ce que tout le monde a dans le cœur, ce que moi-même j'ai dans le mien..... Oui, oui, s'écrie-t-on : *Vive la république !*

Il était cependant naturel de croire, que la démarche du général, qui a paru exciter de si vives inquiétudes, n'avait

---

les grenadiers, qui frémissent d'indignation au poste placé à l'extérieur de la salle.

» Une multitude de membres de la majorité, font d'inutiles efforts pour être entendus au milieu de cette scène d'horreur. Le président quitte le fauteuil où il est remplacé par Chazal, ex-président. Il est à la tribune ; il demande la parole, il s'efforce de faire entendre quelques mots : il s'écrie, qu'après les grands services rendus à la république par le général Bonaparte, il serait odieux de lui supposer des vues liberticides. Quel Français, dit-il, a donné plus de gages à la liberté !

» Il ajoute que ce général venait sans doute rendre quelque compte important, relatif aux circonstances ; il demande que le général Bonaparte soit appelé à la barre pour rendre compte de ses motifs.

» L'orateur veut continuer, mais sa voix est étouffée par les cris des séditieux : accablé de douleur et d'indignation, Lucien Bonaparte déclare qu'il dépouille la magistrature populaire dont ses concitoyens l'ont revêtu. En achevant ces mots, il dépose sur le bureau sa toge et son écharpe. Alors la fureur des séditieux n'a plus aucun frein ; ils s'élancent sur lui à la tribune, le pressent, l'enveloppent, lorsqu'un détachement de grenadiers, près la représentation nationale, vient le soustraire au plus pressant danger et protéger sa sortie.

» La salle, en ce moment, ne présente plus que l'image de la plus horrible confusion ; la tribune est devenue la proie et le théâtre des conspirateurs : les motions ne respirent que la violence et la menace ; leurs poignards tiennent dans la stupeur et la consternation la majorité, en qui seul résident, et la dignité, et le pouvoir de la représentation nationale ; les membres de cette majorité, qui sont dans le voisinage des portes, s'éloignent : il ne reste que ceux qui se trouvent retenus par la terreur ou l'impossibilité de fuir ; le conseil n'existe plus. Soudain la force armée se présente pour dissiper l'attroupement des assassins, et le lieu de la séance est évacué ».

pour objet que de rendre compte de la situation des affaires, ou de quelque objet intéressant la chose publique. Il venait remplir l'obligation que ses fonctions lui imposent. Mais je crois qu'en tout cas, nul de vous ne peut soupçonner......

N........ Aujourd'hui Bonaparte a terni sa gloire......fi......

Un autre membre. Bonaparte s'est conduit en roi......

Le président. Nul de vous ne peut soupçonner de projets liberticides, celui......

Un membre avec chaleur : Bonaparte a perdu sa gloire..... Je le voue à l'opprobre, à l'exécration des républicains et de tous les français......

Quelques voix. Oui, oui... (Murmures et applaudissemens).

Le président. Je demande, au reste, qu'on prenne tous les éclaircissemens nécessaires pour rassurer le conseil......

Un membre. Je demande que le général Bonaparte soit traduit à la barre pour y rendre compte de sa conduite...... (Grandes rumeurs).

(Il faut toujours remarquer qu'il n'y avait point de *barre*),

Lucien Bonaparte : Je demande à quitter le fauteuil.

Chazal occupe le fauteuil.

Digneffe : Quand le conseil des anciens a usé du droit constitutionnel de changer la résidence du corps législatif, il a eu sans doute de puissans motifs ; il faut qu'ils soient connus. Je demande que dans ce jour solemnel, qui aura tant d'influence sur les destinées de la république, on déclare, ou fasse connaître quels sont les chefs et les agens de la conspiration qui nous menace, puisqu'il a fallu, pour les déjouer, des moyens extraordinaires. Avant tout, je demande que vous preniez des mesures pour votre sûreté ; que vous déterminiez sur quels endroits s'étendra la police de votre enceinte, et que vous preniez des mesures à cet effet......

Une foule de voix : Appuyé......

Bertrand (du Calvados). Lorsque le conseil des anciens a ordonné la translation du corps législatif en cette commune, il en avait le droit constitutionnel ; quand il a nommé un général, commandant en chef, il a usé d'un droit qu'il n'avait pas. Je demande que vous commenciez par décréter, que le général Bonaparte n'est pas le commandant des grenadiers qui composent votre garde.

Une foule de voix : Appuyé, appuyé......

Talot : N'oubliez pas, dans ce moment difficile, le caractère auquel on doit vous reconnaître ; conservez votre
union ; veillez à votre sûreté, veillez à la publicité de vos
délibérations. Je suis convaincu que le conseil des anciens,
en prenant une mesure si extraordinaire et si prompte, n'a
pas eu l'intention de nous faire délibérer à huis-clos, et sous
les bayonnettes. Eh quoi ! nous représentons le peuple français, et c'est dans un village, entourés d'une force armée
considérable, dont nous ne disposons pas, qu'on veut que nous
délibérions ! Non que je craigne les soldats qui nous entourent, ils ont combattu pour la liberté ; ce sont nos parens,
nos fils, nos frères, nos amis. Nous avons été nous-mêmes
dans leurs rangs ; et moi aussi j'ai porté la giberne de la
patrie ; je ne puis craindre le soldat républicain, dont les
parens m'ont honoré de leurs suffrages, et m'ont appellé à la
représentation nationale ; mais je déclare qu'hier la constitution a été outragée ; le conseil des anciens n'avait pas le droit
de nommer un général. Bonaparte n'a pas eu le droit de pénétrer dans cette enceinte sans y être mandé. Voilà la vérité.
Quant à vous, vous ne pouvez voter plus long-tems dans une
telle position ; vous devez retourner à Paris ; marchez-y revêtus de votre costume, et votre retour y sera protégé par
les citoyens et les soldats ; vous reconnaîtrez à l'attitude des
militaires, qu'ils sont les défenseurs de la patrie. Je demande
qu'à l'instant vous décrétiez, que les troupes qui sont actuellement dans cette commune, fassent partie de votre garde ; je
demande que vous adressiez un message au conseil des anciens,
pour l'inviter à rendre un décret qui nous ramène à Paris.

Une foule de voix : Appuyé.

Grandmaison : Il faut déclarer le décret rendu hier comme
non avenu, sous le rapport de la nomination inconstitution-
nelle du général Buonaparte.

Crochon : Je réclame la parole. Les cris *aux voix les
propositions* s'élèvent.

Plusieurs membres à Crochon : Vous allez nous amuser
à passer le tems.

D'autres : Il n'y a pas de liberté ici, laissez donc parler.

Crochon : Nous ne pouvons prendre une mesure précipitée, le décret était constitutionnel : il ordonnait votre

translation, il fallait bien nommer un général pour assurer l'exécution du décret.

N..... Il faut avant tout, déclarer que Bonaparte n'est point le commandant de votre garde.

Un membre : C'est donner le signal d'un combat.

Destrem : J'appuie l'avis de Talot, les circonstances ne nous permettent point de rester ici : il faut retourner à Paris ou aller ailleurs pour y retrouver de l'indépendance.

Un message au conseil des anciens, est mis aux voix et adopté.

Destrem : Cela ne peut suffire, vous avez des mesures urgentes à prendre ; sans entrer dans le détail de la validité de la nomination, et des observations faites sur votre garde et celui qui doit la commander, je demande que vous déclariez la permanence.

Blin : Six mille hommes sont autour de vous, déclarez qu'il font partie de la garde du corps législatif.

Delbrel : A l'exception de la garde du directoire..... Marche, président, mets aux voix cette proposition.

On demande à grands cris à aller aux voix.

Lucien Bonaparte: Je ne m'oppose point à la proposition ; mais je dois faire observer qu'ici les soupçons paraissent s'élever avec bien de la rapidité et peu de fondement. Un mouvement même irrégulier aurait-il déjà fait oublier tant de services rendus à la liberté ? (Des murmures interrompent).

Une foule de voix : Non, non, on ne les oubliera pas....

D'autres à Lucien : Le tems se passe, aux voix la proposition.

Lucien Bonaparte : Je demande qu'avant de prendre une mesure, vous appelliez le général. (Nouvelle interruption).

Beaucoup de voix : Nous ne le connaissons pas.

Lucien Bonaparte : Je n'insisterai pas davantage ; mais certainement, quand la première effervescence des passions sera calmée, quand l'inconvenance du mouvement extraordinaire qui s'est manifesté sera sentie, vous rendrez justice à qui elle est due, dans le silence des passions.

Une foule de voix : Au fait, au fait..... Aux voix la *mise hors la loi.*

D'autres : Il n'y a plus de liberté ici ; laissez donc parler l'orateur.

L'agitation et le trouble se renouvellent. Plusieurs membres s'approchent du président, le pressent, le menacent.....

Le tumulte continue : de violens éclats de voix étouffent celle de l'orateur. Des membres du conseil l'entourent, l'assaillissent, lui ordonnent avec menaces, et en lui laissant voir leurs armes, de mettre aux voix le décret de *hors la loi*.

Lucien Bonaparte : Vous voulez que je prononce le *hors la loi* contre mon frère !....

Oui, oui, s'écrient quelques membres avec fureur.... *Hors la loi !...* Voilà pour les tyrans. (Ils montrent des pistolets et des poignards).

On remarque, en même-tems, un grand nombre de membres, qui cherchent en vain à imposer silence aux furieux..... Enfin, le geste que fait le président pour se dépouiller de sa toge, fait faire un instant trève aux clameurs, et il parvient, quoiqu'avec peine encore, à élever la voix.

Lucien Bonaparte : Puisque je ne puis me faire entendre dans cette enceinte, je dépose avec un sentiment profond de dignité outragée, je dépose sur le bureau les marques de la magistrature populaire...... En disant ces mots, le président quitte sa toge et sa ceinture. ....

Une foule de membres : Non, non, reprenez le fauteuil....

D'autres : Tant mieux !

(L'agitation la plus vive se renouvelle).

Lucien Bonaparte, dépouillé de son costume, descend de la tribune.

Dans ce moment, le bruit s'étant répandu à l'extérieur, que Lucien Bonaparte était menacé d'un assassinat, son frère avait donné l'ordre de l'arracher des mains des furieux.

Un peloton de grenadiers du corps législatif paraît à la porte : (Un mouvement se manifeste). Un officier du corps des grenadiers, sans armes, est à sa tête. Il entre dans la salle, s'avance au bureau, parle quelque-tems à Chazal, qui occupait le fauteuil comme ex-président ; puis descendant à la tribune, il demande à parler au conseil ; mais le tumulte qui règne, l'empêchant de se faire entendre, il va à Lucien Bonaparte, lui dit quelques mots, l'invite du geste à se mettre en sûreté au milieu des grenadiers, et l'escorte jusques hors de la salle. (Une foule de cris s'élèvent).

Quelques grenadiers disent : *C'est par ordre du général.*

Une foule de membres : Suivons notre président....

D'autres à Chazal : Levez la séance.

D'autres : Il n'y a plus de conseil, la liberté a été violée. (L'agitation continue).

Sherlock : Vous avez une mesure instante à prendre. Je ne saurais exprimer ce que je sens. Je ne sais ce que l'on prépare ; mais je sais que dans les corridors et dans les cours, les troupes courent aux armes : et qu'au moment où vos grenadiers ont remis Lucien Bonaparte aux côtés de son frère, les cris de *vive la république ! vive Bonaparte !* se sont fait entendre.... Je ne conçois pas par quel ordre un piquet de grenadiers est entré dans cette enceinte, et s'est permis d'enlever notre président.... Il est vrai qu'il a donné sa démission, mais elle n'a pas été acceptée.... (*Plusieurs membres :* C'était ce qu'il pouvait faire de mieux, que de la donner). Je demande que nous suivions notre président.... (Murmures) Je donnerai l'exemple.... (Murmures) ; ou plutôt, comme les esprits sont en mouvement, et que nous ne pouvons en calculer les résultats ; je demande qu'une députation de trois membres soit envoyée pour rappeller votre président au fauteuil. (*Quelques voix :* Oui , oui.) Je demande qu'on lui envoie , sur-le-champ, l'ordre de reprendre ses fonctions.... (Applaudissemens et rumeurs).

L'agitation continue sans qu'on délibère. Des cris confus se font entendre dans les diverses parties de la salle. Une foule de membres demandent la parole ; leur voix est étouffée par les mêmes voix qui s'étaient fait remarquer dans les clameurs précédentes.

Un membre : Au milieu du désordre qui règne, nous ne pouvons plus délibérer.

Plusieurs voix : C'est vrai.... *D'autres :* A bas les agitateurs.... *D'autres :* Quittons la séance....

La confusion et le tumulte n'ont plus de bornes.... Au milieu des cris, des gesticulations violentes, des mouvemens tumultueux de ceux qui vont et viennent, assaillissent tour-à-tour le bureau, la tribune, l'assemblée paraît hors d'état de délibérer.

Il paraît que c'est dans ce moment que plusieurs membres de la portion paisible de l'assemblée, indignés de se voir dominés par des furieux, sans pouvoir se faire entendre, et dans

l'impuissance

l'impuissance de pouvoir ramener eux-mêmes le calme, s'é-
taient rendus vers le général Bonaparte, pour l'inviter à faire
évacuer la salle, afin que l'assemblée, qui ne présentait plus
aucune forme régulière et n'offrait plus l'existence d'un conseil législatif dans ce désordre, put être rendue à elle-même,
et reprendre dans le calme sa séance déjà rompue par le fait.

On entend encore quelques membres s'écrier : *Hors la loi !..*
Aux voix, président, la *mise hors la loi !...*

D'autres : Qu'il soit mandé à la barre !.....

Plusieurs voix : Il faut faire lever la séance....

D'autres : Il faut faire inviter le général....

Au même moment, le pas de charge se fait entendre dans
les escaliers qui conduisent à la salle. Les spectateurs rentrés
s'élancent de nouveau aux fenêtres. — Les représentans du
peuple sont debout et crient : *Vive la république ! vive la
constitution de l'an 3 !* — Les portes s'ouvrent. Un corps de
grenadiers du corps législatif paraît, les tambours battent la
charge et l'arme portée : il s'arrête.

Le général de division Murat, commandant, était à la
tête : il élève la voix. *Citoyens représentans, on ne peut
plus répondre de la sûreté du conseil. Je vous invite à
vous retirer....*

Les cris de *vive la république !* recommencent.

Plusieurs membres : Oui, oui, sortons... Beaucoup de
membres sortent, et invitent leurs collègues à les suivre....
D'autres restent sur leurs siéges, et parlent tumultueuse-
ment.

Un officier des grenadiers du corps législatif monte au bureau du président. *Représentans, s'écrie-t-il, vous êtes invités
à vous retirer ; le général a donné des ordres.*

Le tumulte le plus violent continue ; beaucoup de représentans restent en place.

Un officier s'écrie : *Grenadiers, en avant.* Le tambour bat
la charge. Le corps de grenadiers s'établit au milieu de la salle,
dont l'autre moitié était encore occupée par une partie des
députés. Il arrête un moment pour laisser le tems d'évacuer la
salle. Une douzaine de membres restaient à la tribune ou au
bureau. Un d'entre eux, placé à la tribune, s'écrie :

« Qui êtes-vous, militaires ?... vous n'êtes que les gardiens
« de la représentation nationale, et vous osez attenter à sa

» sûreté, à son indépendance!... et vous ternissez ainsi les lau-
» riers que vous avez cueillis.... »

La troupe écoutait froidement cette harangue. L'ordre de
faire évacuer la salle est donné de nouveau, et s'exécute au
bruit d'un roulement de tambours. Les membres qui étaient
au bureau et à la tribune sont enfin obligés de céder la place
aux militaires qui vont s'en emparer. A mesure que ceux-ci
avançaient dans la salle, les membres sortaient par l'extrémité opposée. Plusieurs criaient, en sortant : *Vive la république !*

Enfin, au bout de cinq minutes, la salle demeure libre ; les
grenadiers achèvent de pousser les spectateurs de l'aîle du
château, ainsi que quelques députés qui paraissaient s'obstiner
à y demeurer.

Les grenadiers, en sortant, s'écriaient : « On a voulu assassiner notre général », et ils montraient des poignards qu'ils
avaient ramassés. L'indignation était peinte sur leur figure.
Ils restèrent fidèles, cependant, à l'ordre de respecter chacun
des membres du conseil. — Enfin les portes de la salle et des
corridors furent fermées, et les députés se retirèrent successivement par les cours et les jardins. Il était environ cinq
heures et demie.

Nota. Avant de donner la suite de cette séance, nous avons
à rendre compte de ce qui s'est passé pendant le même tems,
jusqu'au moment de l'évacuation de la salle, tant à l'extérieur
de la salle, que dans la séance du conseil des anciens. Nous
allons commencer par celle-ci.

CONSEIL DES ANCIENS.

Présidence de LEMERCIER.

Séance du 19 brumaire.

La séance est ouverte à deux heures dans la grande galerie
du château de Saint-Cloud, peinte par Mignard.

Le conseil entre dans le lieu de la séance, précédé de sa musique, qui exécute l'air : *Allons, enfans de la patrie.*

Le président lit l'art. 105 de la constitution, qui oblige l'un et l'autre conseil, de faire connaître dans les vingt jours leur arrivée en majorité au lieu de la translation.

Plusieurs voix réclament l'appel nominal ; le président consulte le conseil pour savoir s'il est réuni en majorité à Saint-Cloud. Le conseil déclare à l'unanimité qu'il est réuni en majorité.

On lit une lettre écrite par Barras, de Paris, le 18 brumaire, lettre dans laquelle il donne sa démission de membre du directoire.

(*Voyez* la séance du conseil des cinq-cents).

Le conseil arrête, que copie de cette lettre sera transmise au conseil des cinq-cents par un message.

On reçoit deux résolutions du conseil des cinq-cents, en date du 17 ; l'une transfère à Rieux le tribunal correctionnel de Muret ; elle est renvoyée à une commission.

La seconde déclare que l'armée du Rhin ne cesse de bien mériter de la patrie ; elle est approuvée.

Savary : Je demande que le conseil veuille bien ordonner, que le procès-verbal de la séance d'hier soit lu. J'ai besoin de connaître ce procès-verbal, d'une séance où je n'étais pas. J'ignore quel motif on a pu avoir de cacher les termes de cette séance à un certain nombre de membres du conseil ; je n'ai été instruit qu'elle avait eu lieu que par le rapport de notre collègue, qui se trouve dans la distribution d'aujourd'hui. Quelque confiance que nous devions avoir dans la commission des inspecteurs, ce n'est l'ouvrage que de cinq de nos collègues, et il importe à la sûreté et à la dignité nationale, que chaque membre du corps législatif connaisse les terribles vérités qui ont pu engager à changer de résidence ; qu'on nous fasse connaître à tous, les motifs d'une censure à laquelle nous n'étions pas préparés. Je les crois très-légitimes et très-bons, mais je déclare pour ma part... ... (Regnier demande la parole). Je demande pour ma part que tous les périls soient connus, qu'ils le soient du conseil des cinq-cents, que tous les membres du corps législatif sachent en quoi la représentation nationale a pu être compromise. Si l'on ne croit point devoir rendre ces détails publics, je demande qu'on les donne au moins en comité général.

Quelques membres appuient cette proposition.

Regnier. J'ignore si le préopinant a été, ou non, convoqué par la commission; cela ne nous regarde point, mais le décret que le conseil des anciens a rendu est qualifié d'irrévocable par la constitution; ainsi on ne peut plus le mettre en question aujourd'hui.

Citadella. Ce n'est point là question.

Regnier : Je prie le président de faire cesser les interruptions. Il ne doit pas y en avoir plus ici qu'à Paris. On demande des détails sur les motifs qui ont déterminé la translation. Vous avez senti la nécessité de ce changement de résidence; je ne conçois pas comment le préopinant veut qu'on publie.....

Citadella : Eh bien ! en comité général.

Regnier : En comité général ou en public, on ne doit point donner l'éveil à ceux qui ont causé les dangers du corps législatif; il est irrespectueux de remettre en délibération la décision que vous avez prise hier.

Je demande l'ordre du jour.

Guyomard : Savary n'a pas demandé le rapport d'un décret irrévocable; il s'est plaint d'une chose dont je me plains moi-même. Je demeure dans la maison du citoyen Regnier, et il est bien étonnant que je n'aie point été averti comme lui de la convocation extraordinaire.

Plusieurs membres : Nous n'en avons point été instruits non plus.

Guyomard : Au reste, l'on m'a dit, que dans cette séance on avait voulu faire des observations, et que la liberté des opinions avait été, sinon violée, au moins étouffée. La commission a dit hier, que la liberté du corps législatif était menacée, je ne me suis point apperçu, que dans aucune de nos dernières séances nous ayions été gênés dans nos opinions; la translation a donc été déterminée par d'autres motifs, et je demande, comme Savary, qu'on nous les fasse connaître en comité secret.

Fargues : Comme membre de la commission des inspecteurs, je dois la justifier des reproches qui viennent de lui être adressés. Je déclare qu'elle a envoyé des avertissemens à tous les représentans du peuple ; ces avertissemens ont été remis à sept heures du matin à des sous-officiers de la garde du corps législatif, dont l'exactitude est connue. Si quelques-uns de nos collègues n'ont point été avertis, la commission est exempte de tous reproches. J'ai entendu demander avec un sang-froid qui m'a étonné, des preuves d'une conspiration qui est connue de Paris et de toute la république, et s'il était permis à la commission, de vous dire les propositions qui ont été faites à un général, sur lequel repose toutes les espérances de la patrie, propositions qui lui ont été renouvellées plusieurs fois depuis son retour, et qui lui ont encore été faites cette nuit-même ; il n'est aucun de vous qui n'affranchit la commission des preuves qu'on lui demande. Il y aurait autant de danger à dévoiler, en comité secret qu'en public, des vérités trop accablantes. (Murmures). Je prie le conseil de remarquer, qu'il y a peu de jours, il a investi la commission d'une confiance qu'elle croit avoir justifiée par son dévouement, et que ce serait en manquer aujourd'hui que d'élever des doutes sur la vérité de ce qu'elle vous dit. (Nouveaux murmures). Il n'est aucun de vous qui ne sache que la république est en péril, que l'ennemi intérieur et l'ennemi extérieur sont coalisés pour renverser la liberté. J'invite ceux de nos collègues, qu'un retard dans la réception des lettres de convocation, a portés à demander des preuves, d'attendre à un autre moment (murmures), d'attendre que la république soit sauvée du danger qui la menace, et alors la commission ne fera aucune difficulté de donner les détails qu'on demande.

Colombel (de la Meurthe) : Quoique j'aie à me plaindre aussi de n'avoir pas reçu de lettres de convocation, je passerai sous silence cette petite omission. Je répondrai seulement à notre collègue Fargues, que tous les représentans du peuple ont un intérêt direct à connaître la situation de la république. Nous n'en sommes plus au tems où le comité de salut public disait : « Qu'on m'en croie sur parole », et dictait des décrets à la représentation nationale. Je pense que la commission se fera un devoir et un mérite de nous communiquer fraternellement les motifs qui ont pu nous engager à solliciter une mesure aussi extraordinaire que celle de la translation du corps législatif ; mesure que j'approuve, quel qu'ait été le

degré de danger qui nous a menacés. Mais, enfin, il faut
apprécier ces dangers, afin de connaître les mesures ultérieures
que nous aurons à prendre. Je m'oppose donc à l'ajournement
demandé par notre collègue Fargues ; je demande que l'on
ne nous laisse pas plus long-tems dans l'incertitude ; que la
commission des inspecteurs fasse son rapport en comité général ; là on pourra donner la plus grande latitude aux réflexions, et nous pourrons nous consulter et agir en famille.

Cornudet : Sans doute, notre collègue Savary n'a point
entendu demander le rapport du décret irrévocable que vous
avez rendu hier. (Non, dit Savary). Il ne s'agit donc que de
savoir, quand la commission entrera dans de plus grands
détails des faits qu'elle vous a exposés à la séance d'hier. Je
crois que, quant à-présent, cette demande doit être écartée,
et que vous devez donner suite, dans les formes constitutionnelles au décret d'hier. Pour cela, il faut que vous adressiez
un message au conseil des cinq-cents et un au directoire,
pour les avertir que vous êtes ici en majorité ; il faut aussi
que ces deux autorités vous donnent la certitude, par des
messages, qu'elles sont réunies elles-mêmes en majorité dans
la commune de Saint-Cloud ; car si elles n'y sont pas, vous
savez dans quels délais et par quels moyens la constitution
prescrit de les completter. Je demande donc que l'on ne
s'occupe point, quant à-présent, de la proposition de notre
collègue Savary, que j'approuverai quand il en sera tems,
et que l'on fasse les deux messages que j'ai proposés.

Savary : De ce que notre collègue Cornudet vient de dire,
il s'ensuivrait que la séance devrait être suspendue, jusqu'à
ce que nous ayions reçu un message du conseil des cinq-cents,
qui nous annoncera qu'il est constitué.

Je demande si c'est là l'intention du conseil, et qu'alors
il s'explique.

Perrin (des Vosges), L'ajournement de toute discussion,
jusqu'à la réception du message du conseil des cinq-cents.

Saubdès : Je crois que les propositions de notre collègue
Cornudet ne suffisent pas, pour l'accomplissement des devoirs
que nous impose la constitution. Ce n'est point assez que nous
instruisions le conseil des cinq-cents et le directoire exécutif,
que nous sommes réunis ici en majorité. Il faut encore que
nous en instruisions le peuple français. Je demande donc,

qu'indépendamment des messages au conseil des cinq-cents et au directoire, il soit fait une adresse à nos concitoyens, pour leur donner la certitude que le conseil des anciens est réuni en majorité dans la commune de Saint-Cloud.

Le conseil arrête, qu'il sera fait un message au directoire exécutif, pour le prévenir que la majorité de ses membres est en séance dans le palais de Saint-Cloud.

Bar : Je ne pense pas, d'après les dispositions de la constitution, que le conseil des anciens soit obligé, pour délibérer dans le lieu de la translation, d'attendre qu'il ait la certitude, que les membres du conseil des cinq cents et ceux du directoire exécutif y sont réunis en majorité. La constitution ne défend aux deux conseils, toute délibération, que dans le lieu qu'ils quittent ; mais elle ne dit pas, que, du moment où l'un des deux est réuni en majorité dans le lieu de la translation, il doive attendre, pour reprendre ses délibérations que l'autre soit réuni. Je crois, au surplus, qu'il est indispensable d'adopter la proposition de notre collègue Soubdès. Si vous ne faites point une proclamation aux citoyens, pour leur annoncer que vous êtes réunis ici en majorité, vous laissez les autorités constituées dans l'incertitude, et d'après la constitution, votre silence les autorise même à convoquer les assemblées primaires et électorales, pour recomposer en entier le conseil des anciens.

Cornudet. La constitution dit, que, si dans les vingt jours de la translation, le corps législatif n'a point fait connaître son arrivée dans le nouveau lieu de séances, les assemblées primaires sont convoquées ; mais la constitution ne dit point que lors d'un changement de résidence, chaque conseil doive faire connaître aux citoyens par une proclamation que ce changement a été effectué. Il suffit que la république sache, par quel mode que ce soit, que vous êtes réunis en majorité pour que le vœu de la constitution soit rempli. Or, le premier décret que vous rendrez, levera toute incertitude à cet égard.

Laussat. Le conseil est occupé en ce moment de différentes questions ; la première est de savoir, si l'on suspendra la séance jusqu'à ce que l'on ait reçu du directoire la notification qu'il est réuni en majorité dans la commune de Saint-Cloud. Sur cette question, je remarque qu'il est nécessaire que nous ayons la certitude que le directoire est ici ; car la constitution dit, art. 171 : « Qu'il ne peut résider dans une commune autre que celle où réside le corps législatif ». Ainsi, ou il n'y a plus de directoire exécutif, ou il est ici, à moins qu'il ne nous fasse savoir où il est.

La seconde question est celle de savoir, si nous devons attendre, pour reprendre nos délibérations, que le conseil des cinq-cents est réuni ici en majorité.

Sur cette seconde question je remarque, que la constitution dit que le corps législatif est composé de deux sections, qui résident dans la même commune ; par conséquent, si le conseil des anciens, l'une de ces sections, se trouve seul dans cette commune, il n'y a point de corps législatif, et il doit attendre, avant de reprendre ses fonctions, qu'il sache que le conseil des cinq cents est ici pour composer avec lui la législature.

Je pense donc que nous ne devons point faire de proclamation, mais attendre que le conseil des cinq-cents et le directoire exécutif nous aient officiellement fait connaître leur réunion à Saint-Cloud, pour faire imprimer, publier et afficher leurs réponses par toute la république, avec l'attache du conseil des anciens.

Lejourdan : Il n'y a point de doute, que, d'après l'art. 105 de la constitution, nous ne devions avertir le peuple français, par une proclamation, de notre réunion à Saint-Cloud. Il n'y a pas de doute non plus, d'après cet article, que chaque conseil doive faire cette proclamation en son particulier. Mais ce même article 105 de la constitution, nous donne vingt jours pour faire cette proclamation ; ainsi ce n'est pas la première opération dont nous ayons à nous occuper.

La première chose à faire est, je pense, d'avertir l'autre conseil que le nôtre est formé. Reste à savoir maintenant, si la séance sera suspendue jusqu'à ce que nous ayons reçu la même notification du conseil des cinq-cents. Je sais que le corps législatif est composé de deux sections, qu'il n'y a point de corps législatif quand ces deux sections n'existent pas ; mais je pense que rien n'empêche celle de ces sections qui se trouve réunie la première dans le lieu de la translation, de s'occuper, sinon d'affaires de législation, au moins d'affaires de police ; car la police, l'ordre, la sûreté du lieu où le corps législatif est transféré, appartient incontestablement à celui

des

des deux conseils qui s'y trouve le premier réuni en majorité,
quand les deux conseils n'y sont pas réunis à-la-fois.

On demande à aller aux voix.

Garat : Je demande à déterminer le sens de l'article 105
de la constitution. Cet article ne dit pas dans quel mode
sera donnée à la république, la connaissance de la réunion
d'un des conseils dans le lieu de la translation. Cette connaissance résulte, pour ce qui concerne le conseil des anciens,
des premiers actes qu'il a faits.

(*Aux voix, aux voix, s'écrie-t-on*)......

Garat : Quand on cite un article constitutionnel, il faut
bien savoir ce qu'il contient. Celui dont il s'agit, ne dit pas
qu'une proclamation sera rédigée dans l'instant-même.........
(Murmures).

On demande de nouveau d'aller aux voix.

Le conseil arrête, qu'il fera une proclamation au peuple
français, pour lui faire connaître qu'il est réuni en majorité
dans la commune de Saint-Cloud ; il ordonne, en outre, la
communication de cet arrêté au conseil des cinq-cents.

Le président rappelle la proposition faite, de suspendre
toute délibération, jusqu'à ce que l'on ait la notification offi-
cielle, que le conseil des cinq-cents est réuni en majorité
dans la commune de Saint-Cloud, et l'amendement fait par
Lejourdan, de borner la suspension des délibérations aux
questions législatives, et de se réserver le droit de délibérer
sur les affaires de police.

On demande l'ordre du jour sur cet amendement.

L'amendement est rejetté, et le conseil arrête qu'il suspendra toute délibération, jusqu'à ce qu'il ait été instruit
officiellement, que le conseil des cinq-cents est réuni en
majorité dans la commune de Saint-Cloud.

Citadella, *Moreau* (de l'Yonne) et *Bar*, demandent la
parole.

Le président leur fait observer, que, d'après l'arrêté que
le conseil vient de prendre, il ne peut plus y avoir de
délibération.

La séance est suspendue à trois heures et un quart.

A trois heures et demie on reçoit une lettre du secrétaire
général du directoire exécutif, qui annonce que le message
au directoire exécutif, que le conseil vient d'envoyer à cette

G

autorité, n'a pu être reçu, attendu que quatre membres du directoire ayant donné leur démission, et le cinquième ayant été mis en surveillance par ordre du général Bonaparte, chargé par décret d'hier, de veiller à la sûreté du corps législatif, il ne se trouve plus de directoire.

Plusieurs membres : Le renvoi de la lettre au conseil des cinq-cents, pour qu'il nous présente des candidats.

Le renvoi est arrêté, et la séance est de nouveau suspendue.

A quatre heures, un mouvement se manifeste dans le conseil ; tous les membres se remettent en place.

On annonce le général. Il entre suivi de ses aides-de-camp. Il demande la parole.

Le président la lui accorde.

Le général Bonaparte : Représentans du peuple, vous n'êtes point dans des circonstances ordinaires ; vous êtes sur un volcan. Permettez-moi de vous parler avec la franchise d'un soldat, avec celle d'un citoyen zélé pour le bien de son pays, et suspendez, je vous prie, votre jugement jusqu'à ce que vous m'ayiez entendu jusqu'à la fin.

J'étais tranquille à Paris, lorsque je reçus le décret du conseil des anciens, qui me parla de ses dangers, de ceux de la république. A l'instant j'appelai, je retrouvai mes frères d'armes, et nous vînmes vous donner notre appui ; nous vînmes vous offrir les bras de la nation, parce que vous en étiez la tête. Nos intentions furent pures, désintéressées ; et pour prix du dévouement que nous avons montré hier, aujourd'hui, déjà, on nous abreuve de calomnies. On parle d'un nouveau César, d'un nouveau Cromwel ; on répand que je veux établir un gouvernement militaire.

Représentans du peuple, si j'avais voulu opprimer la liberté de mon pays, si j'avais voulu usurper l'autorité suprême, je ne me serais point rendu aux ordres que vous m'avez donnés, je n'aurais pas eu besoin de recevoir cette autorité du sénat. Plus d'une fois, et dans des circonstances extrêmement favorables, j'ai été appelé à la prendre. Après nos triomphes en Italie, j'y ai été appelé par le vœu de la nation, j'y ai été appelé par le vœu de mes camarades, par celui de ces soldats qu'on a maltraités, depuis qu'ils ne sont plus sous mes ordres ; de ces soldats qui sont obligés, encore aujourd'hui, d'aller faire, dans les départemens de l'Ouest, une guerre horrible

que la sagesse et le retour aux principes avait calmée, et
que l'ineptie ou la trahison viennent de rallumer.

Je vous le jure, représentans du peuple, la patrie n'a pas
de plus zélé défenseur que moi. Je me dévoue tout entier
pour faire exécuter vos ordres ; mais c'est sur vous seuls
que repose son salut, car il n'y a plus de directoire ; quatre
des membres qui en faisaient partie, ont donné leur démission,
et le cinquième a été mis en surveillance pour sa sûreté. Les
dangers sont pressans, le mal s'accroît ; le ministre de la police
vient de m'avertir, que, dans la Vendée, plusieurs places
étaient tombées entre les mains des chouans. Représentans
du peuple, le conseil des anciens est investi d'un grand pouvoir, mais il est encore animé d'une plus grande sagesse ; ne
consultez qu'elle, et l'imminence des dangers ; prévenez les
déchiremens ; évitons de perdre ces deux choses, pour lesquelles nous avons fait tant de sacrifices, la liberté et
l'égalité.....

Lenglet : Et la constitution ?

Le général Bonaparte : La constitution ! Vous sied-t-il
de l'invoquer, et peut-elle être encore une garantie pour le
peuple français ? Vous l'avez violée au 18 fructidor ; vous
l'avez violée au 22 floréal ; vous l'avez violée au 30 prairial.
La constitution ! Elle est invoquée par toutes les factions,
et elle a été violée par toutes ; elle est méprisée par toutes ;
elle ne peut être pour nous un moyen de salut, parce qu'elle
n'obtient plus le respect de personne. La constitution !
N'est-ce pas en son nom que vous avez exercé toutes les
tyrannies ? Ne voyez pas en moi un misérable intrigant,
qui se couvre d'un masque hypocrite. J'ai fait mes preuves
de dévouement à la république, et toute dissimulation m'est
inutile. Je ne vous tiens ce langage, que parce que je desire
que tant de sacrifices ne soient pas perdus. La constitution,
les droits du peuple ont été violés plusieurs fois ; et puisqu'il
ne nous est plus permis de rendre à cette constitution le
respect qu'elle devrait avoir, sauvons au moins les bases sur
lesquelles elle repose ; sauvons l'égalité, la liberté ; trouvons
des moyens d'assurer à chaque homme la liberté qui lui est
due, et que la constitution n'a pas su lui garantir. Je vous
déclare, qu'aussi-tôt que les dangers qui m'ont fait confier
des pouvoirs extraordinaires seront passés, j'abdiquerai ces

pouvoirs. Je ne veux être, à l'égard de la magistrature que vous aurez nommée, que le bras qui la soutiendra et fera exécuter ses ordres.

On demande et le conseil arrête la levée de la suspension de la séance.

Le conseil accorde au général Bonaparte séance dans son sein.

Cornudet : Vous venez de l'entendre, représentans du peuple! Qui douterait maintenant qu'il y ait eu conspiration? Celui auquel vous avez décerné tant d'honneurs, celui devant qui l'Europe et l'univers se taisent d'admiration, sera-t-il regardé comme un vil imposteur! Je vous le déclare, j'ai participé à la mesure de translation qui vous a été proposée, parce que j'avais eu connaissance des propositions qui avaient été faites au général Bonaparte. Quelle qualification faudra-t-il donner maintenant aux doutes de ceux qui demandent des preuves?

Fargues : Puisqu'on a demandé des preuves; je propose qu'on fasse imprimer à trois exemplaires, pour chaque membre, le discours du général Bonaparte.

Cette proposition est adoptée.

Le général Bonaparte : S'il faut s'expliquer tout-à-fait, s'il faut nommer les hommes, je les nommerai. Je dirai que les directeurs Barras et Moulins m'ont proposé de me mettre à la tête d'un parti tendant à renverser tous les hommes qui ont des idées libérales.

Quelques voix : Un comité général.

Beaucoup d'autres : Non, non, que tout soit dit en public.

Laussat. Je m'oppose à la formation d'un comité général. Puisque le général Bonaparte vient de vous dénoncer la conspiration et les conspirateurs, il faut que tout soit dit et fait à la face de la France. Nous serions les plus indignes des hommes, si nous ne prenions pas en cet instant toutes les mesures qui peuvent sauver la liberté et l'égalité.

Cornudet : Je demande que le général continue de s'expliquer en public, et après je ferai la proposition de demander au conseil des cinq-cents s'il veut proposer, et à l'instant-même, des mesures de salut public. Quand il s'agit de sauver la patrie, tout le monde a part à la magistrature, et les représentans du peuple ne sont que les premiers désignés pour proposer des mesures de salut. Songeons, représentans du peuple, que si la liberté est perdue pour nous, elle est perdue pour l'univers entier.

Je demande que le général Bonaparte continue ; il n'y a plus rien à cacher après ce qu'il a dit.

Duffau : Je vois dans l'assemblée beaucoup d'agitation, tandis qu'il ne devrait y avoir que du calme. Que sommes-nous, si ce n'est des républicains, des représentans du peuple français ? On parle d'une conspiration ; nous devons la connaître ; nous devons en recevoir les détails du général Bonaparte, puisque notre commission des inspecteurs n'a pas voulu nous les donner.

Le président : Je ne souffrirai point que nos collègues soient calomniés. La commission des inspecteurs n'a jamais refusé de donner des détails sur la conspiration ; elle en a déjà donné, et il n'y a qu'un moment qu'un de ses membres disait encore qu'elle en donnerait bientôt de plus grands.

Je rends la parole à l'orateur.

Duffau : Je demande que le conseil se forme en *comité secret* pour entendre le général Bonaparte.

Plusieurs voix : Non, non, publiquement.

Le conseil arrête que le général sera entendu en public.

Le général Bonaparte : Je vous le répète, représentans du peuple ; la constitution, trois fois violée, n'offre plus de garantie aux citoyens ; elle ne peut entretenir l'harmonie, parce qu'il n'y a plus de diapason ; elle ne peut point sauver la patrie, parce qu'elle n'est respectée de personne. Je le répète encore ; qu'on ne croie point que je tiens ce langage pour m'emparer du pouvoir après la chûte des autorités ; le pouvoir, on me l'a offert depuis mon retour à Paris. Les différentes factions sont venues sonner à ma porte, je ne les ai point écoutées, parce que je ne suis d'aucune coterie, parce que je ne suis que du grand parti du peuple français.

Plusieurs membres du conseil des anciens savent que je les ai entretenus des propositions qui ont été faites, et je n'ai accepté l'autorité que vous m'avez confiée que pour soutenir la cause de la république. Je ne vous le cache pas, représentans du peuple ; en prenant le commandement, je n'ai compté que sur le conseil des anciens. Je n'ai point compté sur le conseil des cinq-cents, qui est divisé; sur le conseil des cinq-cents, où se trouvent des hommes qui voudraient nous rendre la convention, les comités révolutionnaires et les échafauds; sur le conseil des cinq-cents, où les chefs de ce parti viennent de prendre séance en ce moment; sur le conseil des cinq-cents, d'où viennent de partir des émissaires chargés d'aller organiser un mouvement à Paris.

Que ces projets criminels ne vous effrayent point, représentans du peuple; environné de mes frères d'armes, je saurai vous en préserver. J'en atteste votre courage, vous, mes braves camarades; vous, aux yeux de qui l'on voudrait me peindre comme un ennemi de la liberté; vous, grenadiers dont j'apperçois les bonnets; vous, braves soldats, dont j'apperçois les bayonnettes que j'ai si souvent fait tourner à la honte de l'ennemi, à l'humiliation des rois, que j'ai employées à fonder des républiques. Et si quelqu'orateur payé par l'étranger, parlait de me mettre *hors la loi*, qu'il prenne garde de porter cet arrêt contre lui-même! S'il parlait de me mettre *hors la loi*, j'en appellerais à vous, mes braves compagnons d'armes; à vous, braves soldats, que j'ai tant de fois menés à la victoire; à vous, braves défenseurs de la république, avec lesquels j'ai partagé tant de périls pour affermir la liberté et l'égalité. Je m'en remettrais, mes braves amis, au courage de vous tous et à ma fortune.

Je vous invite, représentans du peuple, à vous former en comité général, et à y prendre des mesures salutaires que l'urgence des dangers commande impérieusement. Vous trouverez toujours mon bras pour faire exécuter vos résolutions.

Le président : Général, le conseil vient de prendre une délibération, pour vous inviter à dévoiler dans toute son étendue, le complot dont la république était menacée.

Le général Bonaparte : J'ai eu l'honneur de dire au conseil que la constitution ne pouvait sauver la patrie, et qu'il fallait arriver à un ordre de choses, tel que nous puissions la retirer de l'abîme où elle se trouve. La première partie de ce que je viens de vous répéter m'a été dite par les deux membres du directoire que je vous ai nommés, et qui ne seraient pas plus coupables qu'un très-grand nombre d'autres français, s'ils n'eussent fait qu'articuler une chose qui est connue de la France entière. Puisqu'il est reconnu que la constitution ne peut pas sauver la république, hâtez-vous donc de prendre des moyens pour la retirer du danger, si vous ne voulez point recevoir de sanglans et d'éternels reproches du peuple français, de vos familles et de vous-mêmes.

Le général se retire. (1).

---

(1) Voici comment le procès-verbal du conseil des anciens rend compte de ce discours du général Bonaparte : (Nous croyons devoir vous donner les deux versions ; la nôtre, comme celle d'un témoin qui a recueilli des notes avec le plus d'exactitude possible, mais à qui il a pu échapper quelques inexactitudes ou omissions ; l'autre, comment étant une version authentique, publiée officiellement et probablement, comme telle, avouée par le général Bonaparte lui-même, auquel elle a dû être soumise).

» La délibération est suspendue à quatre heures.

» Une demi-heure après, le général Bonaparte entre.

» *Le général :* Citoyens représentans, les circonstances où vous vous trouvez ne sont pas ordinaires : vous êtes sur un volcan.

» Permettez-moi de vous parler avec la franchise d'un soldat, et pour échapper au piége qui vous est tendu, suspendez votre jugement jusqu'à ce que j'aie achevé.

» Hier j'étais tranquille à Paris, lorsque vous m'avez appelé pour me notifier le décret de translation et me charger de l'exécuter. Aussi-tôt j'ai rassemblé mes camarades, nous avons volé à votre secours. Eh bien ! aujourd'hui on m'abbreuve déjà de calomnies. On parle de *César* ; on parle de *Cromwel*; on parle de gouvernement militaire. Le gouvernement militaire ! si je l'avais voulu, serais-je accouru prêter mon appui à la représentation nationale ? Après nos triomphes en Italie, j'y ai été appelé par le vœu de la nation, j'y ai été appelé par le vœu de mes camarades, par le vœu de ces soldats qu'on a tant maltraités, depuis qu'ils ne sont plus sous mes ordres, de ces soldats qui sont obligés encore aujourd'hui, d'aller faire, dans les départemens de l'Ouest, une guerre horrible, que la sagesse et le retour aux principes avait calmée, et que l'ineptie ou la trahison viennent de rallumer.

» Citoyens représentans, les momens pressent ; il est essen-

On reçoit un message du conseil des cinq-cents, qui annonce que ce conseil est réuni en majorité au palais de Saint-Cloud.

Courtois : Je déclare au conseil qu'en ce moment on organise un mouvement à Paris, mais nous saurons y résister.

Un mouvement tumultueux se manifeste dans le conseil et

---

tiel que vous preniez de promptes mesures. La république n'a plus de gouvernement ; quatre des directeurs ont donné leur démission ; j'ai cru devoir mettre en surveillance le cinquième, en vertu du pouvoir dont vous m'avez investi. Le conseil des cinq-cents est divisé; il ne reste que le conseil des anciens. C'est de lui que je tiens mes pouvoirs, qu'il prenne des mesures ; qu'il parle : me voilà pour exécuter. Sauvons la liberté! sauvons l'égalité!...

» *Une voix :* Et la constitution.

» La constitution! reprend *le général* ; vous l'avez vous-mêmes anéantie. Au 18 fructidor, vous l'avez violée ; vous l'avez violée au 22 floréal; vous l'avez violée au 30 prairial. Elle n'obtient plus le respect de personne.

» Je dirai tout.

» Depuis mon retour, je n'ai cessé d'être entouré d'intrigues. Toutes les factions se sont empressées autour de moi pour me circonvenir Et ces hommes qui se qualifient insolemment *les seuls patriotes*, sont venus me dire qu'il fallait écarter la constitution ; et pour purifier les conseils , ils me proposaient d'en exclure des hommes amis sincères de la patrie. Voilà leur attachement pour la constitution! Alors j'ai craint pour la république. Je me suis uni à mes frères d'armes; nous sommes venu nous ranger autour de vous. Il n'y a pas de tems à perdre, que le conseil des anciens se prononce. Je ne suis point un intrigant ; vous me connaissez ; je crois avoir donné assez de gages de mon dévouement à ma patrie. Ceux qui vous parlent de la constitution savent bien que , violée à tous momens, déchirée à toutes les pages, la constitution n'existe plus. La souveraineté, la liberté, l'égalité, ces bases sacrées de la constitution demeurent encore: il faut les sauver. Si l'on entend par constitution ces principes sacrés , tous les droits qui appar-

dans

dans la cour du palais. On entend partir de cette cour les cris répétés de *vive Bonaparte !*

Dalphonse : Le général vous l'a dit, la constitution n'ob-

---

tiennent au peuple ? tous ceux qui appartiennent à chaque citoyen, mes camarades et moi, nous sommes prêts à verser notre sang pour les défendre. Mais je ne prostituerai pas la dénomination d'acte constitutionnel, en l'appliquant à des dispositions purement réglémentaires, qui n'offrent aucune garantie au citoyen.

» Au reste, je déclare, que ceci fini, je ne serai plus rien dans la république que le bras qui soutiendra ce que vous aurez établi.

» On demande la levée de la suspension de la séance.

» Elle est prononcée.

» *Un membre :* Vous venez de l'entendre. Qui dira maintenant qu'il n'y a pas de conspiration ? Celui que vous avez couvert d'honneurs ; celui à qui vous avez tant de fois prodigué les expressions de la reconnaissance nationale ; celui qu'admire l'Europe entière, est là : c'est lui qui vous atteste l'existence de la conspiration.

» Où est alors le crime de l'avoir prévenue par une conspiration plus sainte ? Oui, je le déclare, je suis entré dans celle-ci. J'y suis entré, pressé par ma conscience. Je savais les propositions qu'on avait faites au général.

» Je demande un comité général, et là je m'expliquerai avec plus d'étendue.

» Cette proposition est adoptée à l'unanimité.

» *Le général :* Citoyens représentans, le conseil des cinq-cents est divisé : les chefs des factions en sont la cause. Les hommes de prairial, qui veulent ramener sur le sol de la liberté les échafauds et l'horrible régime de la terreur, s'entourent de leurs complices, et se préparent à exécuter leurs affreux projets. Déjà l'on blâme le conseil des anciens des mesures qu'il a prises, et de m'avoir investi de sa confiance. Pour moi, je n'en suis pas ébranlé. Tremblerai-je devant des factieux, moi que la coalition n'a pu détruire ! Si je suis un perfide, soyez tous des Brutus ; et vous, mes camarades, qui m'accompagnez, vous,

tient plus les respects de personne , parce qu'elle a été violée.
J'estime beaucoup les talens d'un général qui réunit l'admiration de l'Europe et la reconnaissance de la France ; mais
cela ne m'empêchera point de dire ma pensée. Le 18 fructidor
a creusé l'abîme dans lequel la constitution est tombée ; mais

braves grenadiers que je vois autour de cette enceinte , que
ces baïonnettes avec lesquelles nous avons triomphé ensemble ,
se tourne aussi-tôt contre mon cœur. Mais aussi , si quelque
orateur, soldé par l'étranger, ose prononcer contre votre général
les mots *hors la loi* , que la foudre de la guerre l'écrase à l'instant. Souvenez-vous que je marche accompagné du dieu de la
guerre et du dieu de la fortune.

» Je me retire.... vous allez délibérer. Ordonnez, et j'exé-
cuterai.

» *Un membre :* Pour répondre à ceux qui doutent de la
conspiration , je demande l'impression du discours du général
à trois exemplaires. C'est le *maximum* du nombre déterminé
par votre arrêté.

Plusieurs voix au général : Nommez , nommez.

Le général : Chacun avait ses vues ; chacun avait ses plans ;
chacun avait sa coterie. Le citoyen Barras , le citoyen Moulins
avaient les leurs. Ils m'ont fait des propositions.... »

(Après avoir rapporté ainsi le discours du général Bonaparte ,
le procès-verbal rapporte en ces termes la discussion qui suivit) :

» Le comité général, crie-t-on de différentes parties de la
salle.

» *Un membre :* Il n'est plus besoin de comité général ; la
France entière doit connaître ce que nous voulons apprendre ;
nous serions les plus indignes des hommes , si nous ne prenions
à l'instant toutes les mesures qui peuvent sauver la liberté et
l'égalité. Général, achevez.

» *Un autre membre :* Que le général continue, et je ferai
ensuite des propositions ; je demanderai que le conseil adresse
un message au conseil des cinq-cents, pour savoir s'il veut proposer à l'instant les mesures de salut public que les circonstances réclament. Si le conseil des cinq-cents s'y refuse, ce sera
à nous de sauver seuls la patrie. Si , quand la liberté périt, tout
citoyen est magistrat du salut public , à plus forte raison ceux

je n'ai point participé au 18 fructidor. Quelles que soient les destinées réservées à la France, je desire qu'elle sache que j'ai traversé la révolution avec une ame pure ; je ne la souillerai

---

qui sont déja revêtus du caractère de la représentation nationale.

« Que le général continue.

« *Un troisième membre :* Je vois régner ici la plus grande agitation, alors qu'il faudrait le plus grand calme. Ne sommes-nous pas tous français, tous républicains, tous représentans du peuple ? La commission des inspecteurs n'a pas voulu nous donner des renseignemens sur la conspiration : cependant nous avons le plus grand intérêt de la connaître....

« *Le président :* Arrêtez ; je ne souffrirai pas qu'on calomnie mes collègues : la commission des inspecteurs n'a pas refusé les renseignemens qui lui ont été demandés ; elle a cru seulement que ce n'était pas encore le moment de les produire.

« *L'orateur* reprend : Je n'ai pas entendu inculper la commission ; je me réduis à demander que le conseil se forme en comité général, que le général y soit admis, et que nous entendions de sa bouche les importantes révélations qu'il veut nous faire.

Le conseil, consulté, accorde d'abord la priorité à la proposition de continuer la séance publique, et adopte ensuite cette proposition.

« *Le général :* Depuis mon arrivée, tous les magistrats, tous les fonctionnaires avec qui je me suis entretenu, m'ont montré la conviction que la constitution, tant de fois violée, perpétuellement méconnue, est sur le penchant de sa ruine, qu'elle n'offre pas de garantie aux Français, parce qu'elle n'a pas de diapason. Toutes les factions en sont persuadées ; toutes se disposent à profiter de la chûte du gouvernement actuel ; toutes sont venues à moi ; toutes ont voulu m'attacher à elles ; j'ai cru ne devoir m'unir qu'au conseil des anciens, le premier corps de la république. Je lui répète qu'il ne peut prendre de trop promptes mesures, s'il veut arrêter le mouvement qui, dans un moment peut-être, va tuer la liberté.

« Recueillez-vous, citoyens représentans, je viens de vous

point aujourd'hui. Les maux qui nous environnent sont immenses, mais nous devons être au-dessus d'eux. Ces maux ont pris naissance dans l'abus qu'on a fait de la constitution. Eh bien ! c'est dans la constitution qu'il faut trouver le remède. On peut donner à la France un directoire digne d'elle, et propre à sauver la liberté ; mais toutes les mesures doivent être prises par le corps législatif entier, et conformément à la constitution. Tout ce qui s'écartera de cette base, loin de sauver la république, rétablira la royauté sur les débris de la liberté publique.

Je demande que nous fassions tous le serment de fidélité à la constitution de l'an 3.

Cornudet : Je vous conjure, représentans, de ne plus vous laisser enchaîner par de prétendus principes et par des abstractions funestes, qui entraînent beaucoup plus loin qu'on ne veut. Qu'entend-on par la constitution ? Est-ce la souveraineté du peuple, la liberté, l'égalité, la division et l'indépendance des pouvoirs ? J'y jure obéissance, je veux conserver ces bases sacrées.

Mais, au nom de la liberté, gardons-nous de rétablir un directoire tyrannique, qui tue la liberté, qui fait gémir l'humanité entière. Vous l'avez vu mutiler avec audace, la représentation nationale, arracher de vos côtés cent cinquante de vos collègues, en envoyer plusieurs périr sur les sables brûlans de l'Afrique. Au 22 floréal an 6, n'a-t-il pas fallu encore déférer à ses ordres souverains, et fermer la porte des conseils aux envoyés du peuple ? Non, cependant, que je prétende que la journée du 18 fructidor an 5, et celle du 22 floréal an 6, ne soient premièrement le crime : celle-là, du royalisme, qui était parvenu à faire entrer quelques délégués dans le corps législatif ; celle-ci, de la démagogie, qui avait facilement

---

dire des vérités que chacun s'est jusqu'ici confiées à l'oreille, mais que quelqu'un doit avoir enfin le courage de dire tout haut. Les moyens de sauver la patrie sont dans vos mains. Si vous hésitez à en faire usage, si la liberté périt, vous en serez comptables envers l'univers, la postérité, la France et vos familles ».

Le général sort,

embrâsé les assemblées d'élection, par l'image du succès contre révolutionnaire, obtenu dans ces assemblées en l'an 5. Mais ces journées, combinées par la violence, n'en furent pas moins des outrages envers la majesté du peuple. Et ce serait là un pouvoir national ! Rappelez-vous encore qu'au 27 prairial, vous avez été contraints de vous insurger contre ce directoire. Non, la puissance exécutrice des lois ne peut plus même exister désormais sous le nom de *directoire*, nom qui ne peut plus se trouver dans le code de la liberté. Plus d'abstractions, je le répète ; revenons au bon sens. Il nous dira qu'un pouvoir exécutif est essentiellement vicieux, lorsque son organisation est telle qu'il peut impunément déchirer la représentation nationale, lorsque, pour lui résister, la représentation nationale elle-même est forcée de recourir à des moyens extraordinaires. Je veux un pouvoir exécutif mieux organisé ; je veux aussi un pouvoir législatif qui en soit séparé. C'est au nom de la souveraineté du peuple, que j'invoque l'ordre du jour sur le serment proposé. Il n'y a d'excuse à cette multitude de sermens que vous avez faits, que dans la nécessité où l'on nous avait mis de les faire, ou de devenir les victimes d'une nouvelle mutilation.

Je demande aussi que la dénonciation du général Bonaparte soit transmise au conseil des cinq-cents par un message.

Guyomard : Nous avons prêté, au 1ᵉʳ. vendémiaire, le serment de maintenir la constitution ; et je pense, comme notre collègue Dalphonse, que nous ne devons aujourd'hui entendre, ni faire aucune proposition contraire à la constitution. Au surplus, que nous prêtions ou non le serment aujourd'hui, nous n'en sommes pas moins liés par celui que nous avons prêté précédemment. Si nous sommes réduits au point, que les partisans de la constitution doivent être regardés comme des factieux, je déclare que je serai plutôt seul de cette faction que de manquer à mon serment. La constitution est au-dessus du corps législatif ; il ne peut pas y toucher. Je demande que le conseil ne prenne que des mesures sages et constitutionnelles.

Le président, Lemercier cède le fauteuil au citoyen Cornudet, ex-président, et monte à la tribune.

Au moment où allait commencer son discours, un membre

entre tout ému ; et montant à la tribune, il demande aussi-tôt la parole.

Fargues : Le général Bonaparte vient de me faire appeler, et je suis douloureusement affecté, d'être obligé de rendre au conseil ce qu'il m'a dit.

Vous savez avec quelle bienveillance il a été accueilli dans le conseil ; en sortant de celui-ci, il est allé dans le conseil des cinq-cents ; savez-vous comment il a été accueilli ?.... Avec des poignards....

Courtois : Par Aréna.

Fargues : Par Aréna, à l'égard duquel le général a commis le crime d'avoir porté la lumière dans ces marchés scandaleux passés en Italie.

Le général vous demande, que vous preniez des mesures pour déjouer le mouvement contre-révolutionnaire que des émissaires, partis du conseil des cinq-cents, sont allés organiser à Paris. Je vous propose de vous former en comité général.

On réclame vivement le comité général.

Le président (par interrim) : Notre collègue Lemercier a la parole ; je mettrai ensuite aux voix la proposition.

Lemercier : Je crois avoir donné quelques preuves d'attachement à la constitution de l'an 5, et de courage à la défendre ; toute la France sait que je lui fis élever un autel dans le sanctuaire des lois, au moment où il était à peine permis de l'invoquer et d'en parler. J'avoue qu'un des plus puissans motifs de cette détermination, fut de sauver la république des dangers imminens de la résurrection, soit de la charte monstrueuse de 91, soit du code sanguinaire de 93 ; et l'attitude que prit le conseil des anciens, à partir de cette époque, a préservé la France des déchiremens dont elle était menacée. Aujourd'hui, je porte au pacte social la même vénération ; mais je déclare qu'elle n'est point un asservissement judaïque, littéral, à quelques articles réglémentaires, qui (de l'aveu de tous les partis) l'entravent, l'énervent et le tuent ; mais ce respect est fondé sur les principes éternels qui lui servent de base : la souveraineté du peuple, l'unité, l'indivisibilité de la république, la division et l'indépendance des pouvoirs, la liberté de parler et d'écrire, le maintien des droits des citoyens ; c'est dans l'ensemble de ces principes sacrés, et non dans quelques mots, que consiste véritablement, essentiellement cette constitution pour laquelle j'ai juré et proteste encore de sacrifier tous mes moyens, ma fortune et ma vie.....

J'appuie la proposition de Cornudet, pour la formation d'un comité secret, où le conseil s'occupera des moyens de sauver la liberté.

On entend un mouvement violent dans la cour du château et dans les alentours de la salle.

Le conseil demeure calme, aucun membre ne quitte sa place.

L'orateur continue : J'appuie la proposition du dernier opinant, pour la formation d'un comité secret, où le conseil s'occupera des moyens de sauver la liberté.

Le conseil ordonne l'impression du discours, et se forme en comité général.

(NOTA. *Ici les membres de la commission du conseil des anciens, dans leur procès-verbal, ont cru devoir faire une légère interversion dans l'ordre des faits, et avancer un peu l'indication du moment de la reprise de la séance publique, afin de pouvoir faire connaître les discours et les propositions qui suivent, et dont aucun journal n'a encore rendu compte. Comme nous n'avons pu assister à cette partie de la séance, nous transcrivons ici le procès-verbal*).

» Environ une demi-heure après, le comité général est interrompu, dit le procès-verbal, par l'arrivée d'un membre du conseil des cinq-cents et par le président de ce conseil. L'un et l'autre sont introduits, et la séance redevient publique.

» *Le membre du conseil des cinq-cents, Grand,* (de la Dordogne): La force armée vient de s'introduire dans le conseil des cinq-cents : elle a outragé la représentation nationale. Le conseil des cinq-cents est dissous. J'ai pénétré jusqu'au conseil des anciens pour lui rendre compte de ces faits, et l'inviter à prendre des mesures.

» *Le président du conseil des cinq-cents (L. Bonaparte :* Citoyens représentans, on vous en impose. Cette force armée, que l'on vous dit avoir outragé la représentation nationale, ne consistait que dans quelques grenadiers qui suivaient leur capitaine. Leur présence a opéré un mouvement dans le conseil. Appellerez-vous représentans des assassins armés de poignards ? Ils se précipitaient sur moi ; aidés de leurs complices, qui occupaient les tribunes ; ils voulaient, les cannibales ! me forcer de prononcer la *mise hors la loi* de mon frère. Une poignée de factieux tyrannise encore le conseil des cinq-cents ; mais sa majorité adhère au conseil des anciens et à sa sagesse.

» *Un autre membre du conseil des cinq cents Boscq (de l'Aube), se disposait à parler.*

» *Un membre :* Je demande qu'on n'entende, dans ce conseil, que les orateurs qui en sont membres.

» Cette proposition est adoptée.

» *Un membre (Cornudet)* demande la parole, au nom de la commission formée pendant la tenue du comité général et secret, et composée des citoyens Regnier, Cornet, Cornudet, Dalphonse et Laloy.

» Le conseil des anciens, dit-il, reste donc la providence de la nation. Il est, par le fait, toute la représentation nationale ; c'est donc à lui qu'il appartient de pourvoir au salut de la patrie et de la liberté, puisque seul il en a le pouvoir.

« Il n'existe plus de pouvoir exécutif ; car l'autorité militaire n'est plus qu'un moyen de pouvoir exécutif essentiellement civil.

» Le rapporteur termine en proposant le projet de décret suivant :

« Le conseil des anciens, attendu la retraite du conseil des
» cinq-cents, décrète ce qui suit :

» Quatre des membres du directoire exécutif ayant donné
» leur démission, et le cinquième étant mis en surveillance,
» il sera nommé une commission exécutive provisoire, com-
» posée de trois membres.

» Le corps législatif est ajourné au premier nivôse prochain,
» époque à laquelle il se réunira de droit, et sans autre con-
» vocation, dans la commune de Paris.

» Il sera formé une commission intermédiaire, prise dans le
» conseil des anciens, seul existant, pour conserver les droits
» de la représentation nationale pendant cet ajournement.

» La commission intermédiaire demeure autorisée à
» convoquer le corps législatif plutôt, si elle le juge con-
» venable.

» La

» La séance est suspendue jusqu'à neuf heures du soir.

» A la reprise de la séance, le conseil s'occupera de l'exécu-
» tion des présentes mesures ».

» *Un membre de la commission :* (Dalphonse) Les propositions qui vous sont présentées n'ont pas été délibérées par
la commission ; elles ne sont que l'opinion personnelle du
rapporteur.

» *Un autre membre* (Laloi) : C'est dans la galerie-même que
la commission s'est réunie. Un seul de nos collègues ne s'y est
pas trouvé, et c'est bien au nom de la majorité que le rapporteur a présenté le projet dont il a fait lecture ; car il est le
vœu de trois d'entre nous.

» Le projet est adopté.

» Le conseil suspend sa séance jusqu'à neuf heures ».

(NOTA. *Ici se termine la partie du procès-verbal relative
au comité secret*).

Comme l'ensemble des faits, relatifs à l'évènement remarquable de la translation du corps législatif, est déjà suffisamment connu, nous ne nous appesantirons pas à en retracer
ici minutieusement tous les détails. Nous nous bornerons à
citer quelques-unes des circonstances principales, que les
journaux ont omis de publier, et à rétablir dans son exacte
vérité le récit de quelques autres, qu'ils n'ont rapportées
que très-inexactement.

Le nombre des troupes qui se trouvaient à Saint-Cloud,
n'était pas très-considérable. Il se réduisait à huit ou dix
compagnies d'infanterie de ligne, au plus, dont deux de
grenadiers ; une ou deux compagnies d'artillerie ; deux escadrons de dragons ; un escadron de chasseurs à cheval ; et 4 ou
5oo hommes, au plus, des grenadiers de la garde des conseils.
Les autres étaient restés à Paris. Les grenadiers à cheval du
directoire vinrent ensuite, au nombre de 90 à 100 hommes.

Le général Bonaparte s'est rendu, en voiture, à Saint-
Cloud, où il jest arrivé vers une heure, escorté par des
grenadiers à cheval de la garde du directoire, et quelques
dragons. Il avait près de lui les généraux Berthier, Murat,

I

Lefebvre, etc etc. Il descendit de voiture avant d'arriver à la première cour, et se rendit au château à cheval, environné de son état-major. Dès qu'il parut, on entendit les cris de *vive Bonaparte !* Quelques députés et autres personnes qui se trouvaient dans les cours, criaient en même-tems *vive la constitution !* Il adressa la parole aux différens officiers-généraux, et visita les postes.

Les citoyens Sieyes et Roger-Ducos, qui avaient donné leur démission dans l'après-midi du 18 brumaire, entre les mains de la commission des inspecteurs, crurent néanmoins devoir se rendre à Saint-Cloud. Ils y arrivèrent entre une et deux heures, dans la même voiture, avec le secrétaire-général du directoire, Lagarde. Ils se rendirent tous trois dans une des salles de l'aile gauche du château, où ils se tinrent pendant toute la journée.

Bonaparte se rendit près de ces ex-directeurs quelques instans après leur arrivée, et resta pendant plus d'une heure seul avec eux ; il eût encore avec eux, dans le cours de la journée, plusieurs autres entretiens particuliers. Plusieurs députés, du nombre de ceux qui firent, dans les séances des conseils, des propositions conformes au but de la révolution qui s'opéra dans cette journée, se rendirent également près d'eux, même pendant que les séances se tenaient. C'est dans ce local que le secrétaire Lagarde reçut le message du conseil des anciens, et qu'il fit la réponse dont il a été fait mention dans la séance.

Le général et les deux ex-directeurs étaient arrivés, comme l'on voit, avant que les conseils eussent ouvert leurs séances. Elles avaient été retardées par les travaux à faire, pour disposer convenablement les salles qui y étaient destinées. Néanmoins, dès les dix à onze heures, la totalité des membres des deux conseils étaient rendus à Saint-Cloud. En attendant l'ouverture des séances, ils se promenaient dans les galeries, dans les cours, et dans les allées attenantes du parc. Plusieurs, en se rencontrant, se serraient douloureusement la main, et des exclamations lugubres partaient fréquemment du milieu des groupes composés de membres du conseil des cinq-cents ; on entendit plusieurs fois ces mots : *La république est perdue....* En même-tems on remarquait une agitation singulière parmi plusieurs des membres du conseil, désignés dans

les journaux comme étant de la réunion qui tenait , dit-on , des
conciliabules à l'hôtel de Salm , réunion dont le but , à ce qu'il
y a lieu de croire , était de renverser le directoire , pour
lui substituer une convention nationale et un comité de salut
public , et qui , dans la nuit même du 18 au 19 brumaire , avait
juré , ont assuré quelques journaux , de faire révoquer la nomination de Bonaparte , de le mettre hors la loi , et de l'assassiner s'il résistait , et de faire juger militairement les députés
qui oseraient le soutenir (on a même publié que depuis quelque tems , les chefs de cette réunion s'étaient concertés avec
le directeur Moulins , et qu'ils étaient convenus d'armer les
faubourgs , etc.) Quoiqu'il en soit , il est vrai de dire que la
physionomie que présentèrent ces premières heures de la journée de Saint-Cloud , fut très-digne de remarque , et que
l'inquiétude , la consternation parmi une partie des députés ,
l'air discret , en même tems que résolu , qui semblait annoncer ,
dans les autres , des hommes dont les mesures avaient été
concertées , formaient un tableau remarquable et qui ne pût
échapper à l'œil de l'observateur. Parmi ces derniers , dont
l'œil attentif de quelques curieux suivait les démarches , les
gestes , les propos animés , on a déjà cité , dans les journaux ,
les noms de Briot , Destrem , Quirot , Savary , Marquésy , etc. etc.

Au moment où Bonaparte arriva , plusieurs de ces députés ,
(notre but n'est point ici de nommer les personnages) s'é-
crièrent d'une manière très-distincte : *Ah! il veut être un César!.... Il faut que cela se décide.... On* entendit les mots
de *Cromwel* se murmurer de bouche en bouche.

Ce qui contribua , à ce qu'il paraît , à augmenter singulière-
ment les défiances et les inquiétudes qui circulaient alors ,
c'est , qu'après même le décret de la translation à Saint-Cloud ,
très-petit nombre des membres qui avaient préparé ce mouvement , continuèrent à garder le silence envers leurs collègues , sur son véritable objet ; soit qu'ils crussent que ce
mystère préviendrait les difficultés qu'on aurait pu concerter
à l'avance , soit qu'ils se fussent persuadés que les propositions
qui devaient êtr· faites seraient accueillies sans aucun obstacle ,
parce qu'ils crurent apparemment que les factieux , étourdis
par ce premier coup , ou ne se rendraient pas à une séance dont
le but semblait les menacer , ou auraient grand soin de se taire.

Ils se trompèrent dans cette dernière conjecture, parce qu'ils ne voulurent pas, ou négligèrent d'employer tous les moyens nécessaires pour empêcher les opposans de concerter entre eux un système de résistance. Peut-être aussi crurent-ils devoir les environner d'une sécurité qui les enhardissaient à de fausses mesures dont on pourrait profiter. Il paraît bien avéré que beaucoup de ceux-ci se rassemblèrent dans la nuit, et que là ils arrêtèrent le moyen très-adroit, pour eux, de commencer par faire prêter serment de fidélité à la constitution, dans le moment où beaucoup de députés, non instruits encore, que le projet des directeurs du mouvement était de la renverser, et croyant encore qu'il ne s'agissait que la restaurer, ne pouvaient manquer, même avec l'intention de les seconder aveuglément, de donner dans ce piège; c'est là encore qu'ils convinrent de faire annuller, comme une conséquence nécessaire de ce serment, les pouvoirs extraordinaires accordés au général, et qu'il concertèrent; en un mot, toutes ces motions et ces débats désordonnés, que favorisa l'inaction de la partie des membres du conseil des cinq-cents qui était bien intentionnée, mais incertaine, et mécontente même de la réserve dont on avait usé envers elle.

Ainsi, d'une part, on rencontra des obstacles, que l'intervention de la force militaire ne pût seule lever, et de l'autre les députés sur lesquels on comptait, n'ayant reçu aucune marque de confiance, arrivèrent avec des dispositions au moins douteuses. Ceux qui avaient l'expérience de la révolution, ne balancèrent pas; ils entrevirent un grand but, et sentirent bien que ce n'était pour réformer quelques actes isolés de législation, qu'un général, connu jusqu'alors par sa réserve et sa répugnance même à intervenir dans nos débats intérieurs, et à parler de lui-même, apportait tout-à-coup l'autorité de son nom et de son opinion, dans un mouvement politique, en proclamant, en face d'un corps législatif, « *que la république était mal gouvernée* », et en rappellant au peuple et aux soldats, dans sa proclamation, « *qu'ils avaient espéré* » *que son retour mettrait un terme à tant de maux* ». Dans ces circonstances ils n'hésitèrent point; ils virent d'un côté Bonaparte, de l'autre de vils factieux; d'une part le rebut de la révolution, avec les proscriptions et les échafauds; de l'autre des vainqueurs et des hommes d'état connus par des idées généreuses. Ils se rallièrent donc aux hommes, en attendant de connoître les choses. Mais il paraît que ceux qui se décidèrent ainsi, ne furent pas nombreux, et que l'inquiétude et la défiance des autres laissèrent un libre cours aux cris et aux fureurs des factieux, premiers symptômes sous lesquels fut réuni le conseil des cinq-cents.

La position de ceux qui n'entrevoyaient pas encore le but, dût être, en effet, très-difficile. D'une part, l'affectation avec laquelle on avait nécessairement dû paraître, dans les proclamations de la journée précédente, mettre une grande importance à se renfermer dans les bornes constitutionnelles, leur fit accueillir la proposition du serment, que mieux instruits, ils n'eussent pas manqué de rejetter sans doute. De l'autre ils virent bientôt qu'ils s'étaient imprudemment engagés, et se trouvèrent placés dans l'alternative, ou d'abjurer un serment si récent, si solemnel, quelques heures après l'avoir prêté, ou d'opposer à l'impulsion irrésistible qui les entraînait, une résistance dont il était difficile de calculer les terribles suites, et qui n'aurait fait qu'augmenter au profit de la dictature momentanée que l'on paraissait craindre, toutes les chances qu'ils voulaient éviter.

Cette circonstance est peut-être plus qu'elle ne l'a parue dans les premiers momens, digne de remarque. Mais passons aux faits.

Les mots de tyran, de Cromwel, de gouvernement militaire, qui retentissaient déjà jusqu'aux oreilles du général Bonaparte, ne lui permirent pas de perdre un instant pour déterminer la crise. Il se rendit donc précipitamment au conseil des anciens ; et quoique le but de son discours dût être principalement de présenter au conseil les révélations importantes qu'il lui fit, et de lui donner, par l'appareil des dangers qui menaçaient la république, l'impulsion nécessaire pour l'amener à reconnaître l'impuissance de la constitution qu'il s'agissait de renverser ; il est à remarquer qu'il commença en quelque sorte par se justifier, et qu'il parût-même mettre beaucoup d'intérêt à repousser les insinuations qu'on dirigeait contre lui ; et c'est dans cette circonstance qu'il nous parût plus grand encore comme accusé, que comme accusateur.

Ce n'est qu'après avoir parlé au conseil des anciens, qu'il se présenta à celui des cinq-cents, sans doute pour lui répéter ce qu'il venait de dire à l'autre. Ce serait peut-être le cas d'examiner, si, d'après les premières motions faites à ce conseil, d'après le serment qu'on venait d'y prêter, on pouvait espérer, malgré l'exemple que venait de donner le conseil des anciens, qu'il y serait paisiblement entendu ; ou si, au contraire, la précaution qu'il prit de se faire escorter, n'indiquait pas suffisamment la crainte du mouvement qui allait s'opérer, et dans ce cas, ce qu'il faut remarquer le plus, du courage avec lequel il sembla se dévouer au devoir périlleux qu'il avait à remplir, ou de ce coup-d'œil rapide qui lui fit appercevoir dans les résistances-mêmes et les fureurs des factieux, le moyen le plus naturel à saisir et le plus sûr d'arriver au but.

Sous ce dernier rapport, ce ne serait rien moins qu'une imprudence, comme on l'a prétendu ; ce serait-même un trait de politique, d'avoir appelé à la délibération ceux-mêmes contre qui le mouvement était dirigé ; c'était tendre à des furieux, incapables de ne pas se démasquer, un piège dans lequel ils n'ont pas manqué de tomber.

Voici encore quelques traits caractéristiques :

En entrant dans le conseil, Bonaparte était sans armes, il se présentait le chapeau à la main, et d'un air respectueux. Aussi-tôt après l'attaque, dont des braves le sauvèrent, il sort avec impétuosité, tout en courant, il crie aux gardes : « Soldats ! je vous ai menés à la victoire ; puis-je compter « sur vous ? » — Oui, général ; *vive Bonaparte !* Qu'ordonnez-vous, disent quelques officiers. — Mon cheval. — En même-tems, sur l'avis que son frère est menacé, il ordonne à six grenadiers de l'enlever du conseil. — Il se rend sur-le-champ, à la tête de son état-major, dans la seconde cour, où se trouvaient deux escadrons de dragons et quelques compagnies d'infanterie. Les cris de *vive Bonaparte* s'élèvent. Il impose silence. Sa figure et son accent indiquaient l'émotion que lui avait nécessairement dû causer la scène terrible dont il sortait. Il s'écrie : « *Soldats, on avait lieu de croire, que* « *le conseil des cinq-cents sauverait la patrie...... Au* « *contraire, il se livre à des déchiremens.... Des agita-* « *teurs cherchent à le soulever contre moi....... Soldats,*

» *puis-je compter sur vous ?......* (Oui, oui, répondent les
» généraux, et tous les soldats de s'écrier : *vive Bonaparte*).
» *Eh bien*, continue-t-il, *je vais les mettre à la raison......*
Et aussi-tôt il retourne vers les portes du conseil, et donne
ordre de faire avancer quelques compagnies. Il harangue
encore les généraux, et les troupes qui se trouvaient dans la
première cour. « Depuis assez long-tems, s'écrie-t-il, la patrie
» est tourmentée, pillée, saccagée ; depuis assez long-tems
» ses défenseurs sont avilis, immolés...... Ces braves, que j'ai
» habillés, payés, entretenus au prix de nos victoires, dans
» quel état je les retrouve !........ On dévore leur subsistance ;
» on les livre sans défense au fer de l'ennemi........ Mais ce
» ce n'est pas assez de leur sang, on veut encore celui de
» leurs familles ; des factieux parlent de rétablir leur domi-
» nation sanguinaire..... J'ai voulu leur parler, ils m'ont ré-
» pondu par des poignards...... Trois fois, vous le savez, j'ai
» sacrifié mes jours pour ma patrie ; mais le fer ennemi les
» a respectés...... Je viens de franchir les mers, sans craindre
» de venir les exposer une quatrième fois à de nouveaux
» dangers..... Et ces dangers, je les trouve au sein d'un sénat
» d'assassins...... *Trois fois j'ai ouvert les portes à la répu-*
» *blique, et trois fois on les a refermées....* »

Nous regrettons de n'avoir pu recueillir tous les traits de
cette courte, mais énergique harangue. Les cris de *vive la*
république, *vive Bonaparte*, l'interrompaient presque à
chaque mot.

Pendant que le général animait ainsi l'ardeur de ses officiers, et s'assurait de leurs dispositions, son frère arrivait. Il
s'avance dans la première cour, au milieu des grenadiers qui
venaient de l'arracher de la salle de l'Orangerie, pour le
soustraire aux poignards : il est reçu au milieu des acclamations universelles, *vive la république, à bas les assassins !*
Il monte à cheval au milieu des troupes : un roulement ré-
tablit le silence, il s'écrie d'une voix forte et animée :

« Citoyens, le président du conseil des cinq-cents vous
déclare, que l'immense majorité de ce conseil est dans ce moment sous la terreur de quelques représentans à stilets qui
assiègent la tribune, présentent la mort à leurs collègues, et
enlèvent les délibérations les plus affreuses.

» Je vous déclare que ces audacieux brigands, sans doute

soldés par l'Angleterre, se sont mis en rébellion contre le conseil des anciens, et ont osé parler de mettre hors la loi le général chargé de l'exécution de son décret ; comme si nous étions encore à ce tems affreux de leur règne où ce mot de *hors la loi* suffisait pour faire tomber les têtes les plus chères à la patrie.

« Je vous déclare que ce petit nombre de furieux *se sont mis eux-mêmes hors la loi* par leurs attentats contre la liberté de ce conseil. Au nom de ce peuple qui, depuis tant d'années, est le jouet de *ces misérables enfans de la terreur*; je confie aux guerriers le soin de délivrer la majorité de leurs représentans, afin que, délivrée des stilets par les bayonnettes, elle puisse délibérer sur le sort de la république.

« Général, et vous soldats, et vous tous citoyens, vous ne connaîtrez pour législateurs de la France que ceux qui vont se rendre auprès de moi. Quant à ceux qui resteraient dans l'Orangerie, que la force les expulse !.... ces brigands ne sont plus les représentans du peuple, mais les *représentans du poignard....* Que ce titre leur reste; qu'il les suive partout ;... et lorsqu'ils oseront se montrer au peuple, que tous les doigts les désignent sous ce nom mérité, des *représentans du poignard....*

« *Vive la république!* (Ce cri est répété par les troupes. On entend plusieurs fois : *Vive Bonaparte ! vive le général*) ».

Les membres du conseil des cinq-cents étaient à peine revenus de la stupéfaction, dans laquelle les avait jettés l'enlèvement subit du président. Cette action hardie avait donné le tems au général de s'assurer de tous ses moyens, et de donner tous les ordres nécessaires, sans qu'aucune proposition violente pût le déranger ou lui faire obstacle.

En effet, on lui rapporte que le désordre et le tumulte les plus violens règnent dans l'assemblée, qu'aucun orateur ne s'y peut plus faire entendre ; que l'agitation y est à son comble ; ces récits faits au milieu des officiers qui l'environnent, animent encore leur indignation ; disposés d'eux-mêmes à employer la force contre les agitateurs, ils reçoivent avec enthousiasme l'ordre de faire évacuer la salle. On fait avancer une compagnie de grenadiers, le pas-de-charge se

fait

fait entendre , et dans un instant la salle est évacuée , et les huées poursuivent ; députés et spectateurs , qui se sauvent par les cours et les jardins.

Cette opération terminée , Lucien Bonaparte se rendit , comme on sait , au conseil des anciens , sans doute , pour prévenir les impressions défavorables que d'autres membres du conseil des anciens , qui y couraient en même-tems , ne manqueraient pas de chercher à lui donner. Le conseil des anciens était alors en comité secret. Nous devons au procès-verbal qu'on en a publié , de connaître quelques-unes des paroles que Lucien Bonaparte y prononça. Ce procès-verbal ne nomme pas , à la vérité , les deux autres membres du conseil des cinq-cents , qui y demandèrent la parole. Mais des membres du conseil nous en ont instruit , et nous avons cru devoir les indiquer à l'article de la séance.

Le général Serrurier avait aussi , en deux mots , harangué les troupes de la seconde cour , pendant que Bonaparte parlait dans la première. « *Soldats* , s'est-il écrié d'un ton ferme , *le conseil des anciens s'est réuni au général Bonaparte , le conseil des cinq-cents a voulu l'assassiner* » .... Ces mots avaient suffit pour électriser tous les esprits.

Parmi les anecdotes connus relativement à cette journée , nous citerons le fait assez remarquable , que l'on rapporte de Destrem , qui au moment où Bonaparte entra aux cinq-cents , s'approcha de lui , et lui frappant sur l'épaule , lui dit fort haut : « *Général* , *c'est donc pour cela que tu as vaincu.* » On sait qu'Augereau , dès la veille , s'était présenté à Bonaparte à la commission des inspecteurs , après la revue des troupes , en lui disant : « *Général, lorsqu'il s'agit de sauver la patrie, tu oublierais Augereau !* » Il vint encore le 19 dans la cour du palais de Saint-Cloud , lui offrir ses services ; mais il ne paraît pas qu'il en ait reçu tout l'accueil qu'il pouvait désirer. On s'est trompé en publiant , dans les journaux , qu'il ne s'était pas présenté à la séance. Il a paru un moment dans le conseil des cinq-cents , ainsi que Jourdan ; mais ils s'en sont tout de suite retirés , et se sont promenés tout le jour dans les cours , en habit bourgeois , et se bornant à causer avec quelques amis.

Les journaux ont aussi publié , que pendant la séance des cinq-cents , jusqu'à ce que Bonaparte arrivât , plusieurs députés le firent remarquer se promenant sans cesse aux entrées de la salle, comme s'ils attendaient quelqu'un. Cette remarque a été faite par beaucoup de personnes. Aréna, qu'on a particulièrement désigné parmi ces députés, a cru devoir repousser, dans une lettre imprimée, le soupçon qu'il eût voulu guetter l'arrivée du général; il dit, dans cette lettre, pour sa justification, qu'il s'est tenu à la porte de la salle, précisément opposée à celle par laquelle Bonaparte est entré.

Le nom d'Aréna a également été indiqué comme celui des membres qui, en fuyant par le parc, y a laissé sa toque et son costume. Cette assertion est inexacte. Le membre dont on a trouvé, dans le parc, la toge étiquetée de son nom, est André (du Bas-Rhin).

Le nombre des spectateurs qui étaient à Saint-Cloud, soit dans les salles des conseils, soit dans les cours, était très-peu considérable; et même une grande partie d'entre-eux étaient des habitans de Saint-Cloud. On y vit peu de personnes marquantes. Rœderer, Regnaud et Saint-Jean-d'Angely, et ajoute-t-on, Benjamin Constant, se trouvaient aux séances, et doivent, dit-on, publier des notes à ce sujet; mais au moment où la scène commençait à s'animer, ils partirent pour Paris, ainsi que la plupart des spectateurs qui paraissaient très-émus et très-effrayés. Le moment où, après la harangue de Bonaparte aux soldat, on vit les grenadiers s'avancer vers le château, au pas-de-charge, fut terrible pour les spectateurs qui se trouvaient alors dans les cours. L'effroi était peint sur les figures, et chacun s'attendait aux scènes les plus terribles.... On entendait quelques individus s'écrier : « *C'est le passage du Rubicon* ». D'autres criaient : « *Bravo, à bas les jacobins! à bas les quatre-vingt-treize !* etc. etc. Le sentiment de la haine contre les jacobins, et du plaisir de les voir abattre par un coup décisif, prévalait, et se manifestait par-tout d'une manière non équivoque. Ce sentiment était aussi celui des troupes. Les soldats parlaient fort franchement contre les conseils, qu'ils accusaient de leur dénûment. « Il est tems, criaient quelques-uns, de f.... dehors ces orateurs.... Avec leur bavardage, ils nous laissent depuis six mois sans solde et sans souliers..... Nous n'avons pas besoin de tant de gouvernans ». Plusieurs montraient, à des bourgeois qui causaient avec eux, leurs pieds presque nuds, et leurs habits déchirés. Nous avons

vu , et ce trait est peut-être caractéristique , quoiqu'on puisse
le regarder comme minutieux , une compagnie entière se dis-
puter une pipe avec un peu de tabac , et les soldats se la passer
l'un à l'autre, en criant à un officier: « Voyez, général, avec
» ces coquins là (désignant les députés) nous n'avons pas
» même de quoi acheter un peu de tabac..... les scélérats vou-
» laient nous faire périr de misère »... « Ça ira , camarades,
s'écria le général Serrurier, et la paix au bout de ça ». (*Vive
le général !*)... « Ah ! si Bonaparte était maître , disaient les
soldats , et ce propos qui allait de bouche en bouche , a dû être
entendu de beaucoup de témoins , nous serions plus heureux ».
En général , il a été facile de remarquer que le dénuement , et
même le mécontentement très-réel des troupes , n'avaient fait
que fortifier en elles leurs sentimens pour un général qu'elles
regardaient comme leur sauveur. L'intérêt qu'il avait témoi-
gné prendre à leur sort , lui avait concilié toutes les affections ;
et leurs plaintes sur leur misère , plaintes qu'elles firent entendre d'une manière très-vive dans tout le cours de cette
journée , ne frappant que sur les députés , tandis que toutes les
espérances se portaient sur le général , ne servaient qu'à annoncer de plus en plus leur entier dévouement à tout ce qu'il
aurait pu entreprendre. Les soldats semblaient ne songer plus à
leurs privations que pour s'en venger en sarcasmes amers contre
les conseils, (naturellement ils ne faisaient pas de distinction
entre-eux); et comme le succès du général paraissait seul pouvoir leur garantir un avenir plus heureux ; il n'est rien qu'ils
n'eussent fait pour lui , sur-tout étant commandés par des généraux dévoués à la même cause ; dans ces circonstances , si
un coup téméraire eût frappé le général , il est difficile de se
faire une juste idée des évènemens terribles qui en seraient ré-
sultés.

Voici une autre anecdote, que nous certifions comme témoins, et qui n'a pas encore été publiée : Au moment où
Talot demandait à la tribune , que le conseil des cinq-cents
décrétât que la force armée qui était à Saint-Cloud , excepté
la garde du directoire, faisait partie de la garde du corps
législatif, un capitaine de grenadiers de cette garde entra
dans la salle, et cria : *Citoyens représentans, donnez-moi
des ordres, je les ferai exécuter.*—On dit que ce capitaine
a été destitué le soir par Bonaparte. Toutefois nous ne le

nommerons pas. — Il paraît qu'il s'était trompé sur les dispositions des grenadiers du conseil.

C'est un officier de dragons et non le général Murat, qui a, au pas-de-charge, fait sortir les membres du conseil, à la tête des grenadiers ; et c'est par erreur que le nom de ce dernier a été indiqué à l'article de la séance.

Les grenadiers qui entrèrent la première fois dans le conseil, pour escorter le général, étaient, comme nous l'avons indiqué, sans fusils, et avaient le sabre dans le fourreau.

Immédiatement après la rupture de la séance des cinq-cents, Bonaparte remonta dans la salle où se tenaient Sieyes et Roger-Ducos. Plusieurs députés, parmi ceux qui parlèrent dans les séances du soir, s'y rendirent ; aussi Chazal en sortait, dit-on, quand il reparut le soir dans la salle du conseil, tenant minuté le décret qu'il proposa à la tribune. Il ne manquait à ce décret qu'une partie des noms des députés à exclure. La liste fut complettée au bureau, par les noms qu'indiquèrent différens membres.

Après l'évacuation de la salle des cinq-cents, que beaucoup de députés regardèrent comme l'acte de la dissolution absolue du conseil, une partie d'entre-eux ne prévoyant pas que la séance reprendrait, ou dirigés par tout autre motif, s'empressèrent de se rendre à Paris. D'autres se répandirent chez les traiteurs de Saint-Cloud, où les uns se réunirent en assez grand nombre dans des salles particulières, sans doute pour y aviser aux mesures à prendre, mais où beaucoup d'autres aussi, il faut le dire, affectaient une assez grande insouciance sur ce qui venait de se passer.

Vers les neuf heures, des garçons de salle vinrent chez tous les traiteurs, inviter les députés qui s'y trouvaient, à se rendre au lieu des séances ; ce qui parût surprendre beaucoup la plupart d'entre-eux. En même-tems on dépêcha des ordonnances sur la route de Paris, et on envoya des ordres aux barrières pour que l'on visitât les voitures, et fît revenir à St-Cloud les députés qui se présenteraient. Pendant toute la nuit des officiers se tinrent à la barrière, pour visiter soigneusement les papiers de tous les individus qui rentraient à Paris. Il paraît que c'est-là que plusieurs députés, dont le signalement avait été donné, furent arrêtés.

Vers les neuf heures et demie, les séances des deux conseils furent reprises, et ils s'informèrent réciproquement de leur installation.

CONSEIL DES CINQ-CENTS.

Séance du 19 brumaire au soir.

A neuf heures du soir, la majorité des membres du conseil se réunit dans le local de l'Orangerie du palais de Saint-Cloud. Le président et les secrétaires prennent place au bureau. Le conseil était composé d'environ 300 à 350 membres.

Un membre obtient la parole, pour demander qu'il soit fait un message au conseil des anciens, à l'effet de le prévenir que le conseil des cinq-cents est actuellement en séance.

Cette proposition, mise aux voix, est adoptée.

Béranger : « Représentans du peuple, les ennemis du peuple ont commis leur dernier attentat. Les poignards levés sur Bonaparte menaçaient le corps législatif, la nation et les armées. La mort du héros citoyen, qui, en Europe, en Asie, en Afrique, a conduit nos défenseurs de victoire en victoire, avec qui les soldats français ont acquis à notre patrie le titre de *grande nation*, eût été le signal de la vôtre. Elle livrait la France à ses bourreaux, ouvrait ses frontières à la coalition, allumait la guerre civile et préparait l'anéantissement du nom français. Tel a été le projet des démagogues; telles étaient nos destinées, si le génie de la France n'eût enchaîné la fureur des assassins : il fallait aujourd'hui périr ou vaincre avec le peuple. Nous avons vaincu ses plus cruels ennemis : gloire et reconnaissance à Bonaparte, aux généraux, à l'armée, qui ont délivré le corps législatif de ses tyrans, et sauvé la liberté publique sans verser une goutte de sang! C'est aujourd'hui que l'humanité triomphe, et que le règne de la justice a commencé; il ne finira jamais : elle sera terrible aux méchans, tutélaire pour les faibles, égale pour tous les citoyens. La journée du 18 brumaire est celle du peuple souverain, de l'égalité, de la liberté, du bonheur et de la paix ; elle terminera la révolution, et fondera la république, qui n'existait encore que dans le cœur des républicains ».

L'orateur termine en présentant un projet de résolution, qui est mis aux voix et adopté en ces termes :

« Le conseil des cinq-cents, considérant que le général Bonaparte, les généraux et l'armée sous ses ordres, ont sauvé la majorité du corps législatif et la république, attaqués par une minorité composée d'assassins ;

» Considérant qu'il est instant de leur témoigner la reconnaissance nationale,

» Déclare qu'il y a urgence.

» Le conseil, après avoir déclaré l'urgence, rend la résolution suivante :

» Art. Ier. Le général Bonaparte, les généraux Lefèvre, Murat, Gardanne, les autres officiers-généraux et particuliers, dont les noms seront proclamés, les grenadiers du corps législatif et du directoire exécutif; les sixième, soixante-dix-neuvième, quatre-vingt-seixième de ligne; les huitième et neuvième de dragons, le vingt-unième de chasseurs à cheval, et les grenadiers qui ont couvert le général Bonaparte de leurs corps et de leurs armes, ont bien mérité de la patrie....

» II. La présente sera imprimée ; elle sera envoyée aux armées, et portée au conseil des anciens par un messager d'état ».

Chazal prononce le discours suivant :

« Citoyens représentans, il ne suffit pas d'avoir vaincu, il faut savoir profiter de la victoire pour se dispenser de vaincre encore : je viens vous proposer des mesures dont la situation de la république prouve l'urgence, et ce qui s'est passé depuis un an, ce qui s'est passé sur-tout aujourd'hui, l'indispensable nécessité. Agissons. Voici les mesures. J'en demande le renvoi à une commission spéciale ».

L'orateur termine en présentant un projet de résolution, dont le conseil ordonne le renvoi à une commission spéciale, composée des représentans du peuple Boulay (de la Meurthe), Chénier, Chazal, Villetard et Jacqueminot, pour l'examiner, et faire son rapport séance tenante.

(*Nota.* Ce projet est littéralement le même que celui qui a été reproduit par la commission, et adopté une heure après).

Le président, *Lucien Bonaparte*, quitte le fauteuil, et prononce à la tribune le discours suivant :

(79)

« Représentans du peuple, la république mal gouvernée,
tiraillée dans tous les sens, minée par l'affreux épuisement
des finances, croule de toutes parts..... Point de confiance, et
dès-lors point de ressources, ni force, ni ensemble dans le
gouvernement; et dès-lors, l'incertitude et la guerre intes-
tine se rallumant par-tout : point de garantie pour les puissances étrangères, et dès-lors point d'espérance d'arriver à la
paix.

« Tous les cœurs des bons citoyens sentaient le mal, tous
les vœux appelaient le remède..... La sagesse du conseil des
anciens s'est éveillée ; mais les yeux encore fixés sur les dernières tentatives d'une faction exécrable, le conseil des anciens a transféré hors de Paris la résidence du corps législatif.

« C'est nous maintenant qui avons l'initiative ; nous seuls
devons proposer les remèdes à la dissolution générale qui nous
menace..... Le peuple et l'armée nous regardent..... Pourrions-nous craindre de sonder la plaie ? Pourrions-nous, par
une lâche pusillanimité, changer en indignation l'alégresse
publique ?

« Entraînés par le torrent de l'opinion, quelques membres
du directoire ont déposé leur puissance; d'autres les ont imi-
tés, persuadés que la cause de tous nos maux est dans la mauvaise organisation du système politique. Il n'y a plus de directoire exécutif..... L'expérience comme la raison prouvent que
l'organisation actuelle de la constitution est aussi vicieuse que
ses bases sont augustes. Cette organisation incohérente néces-
site chaque année une secousse politique, et ce n'est pas pour
avoir tous les ans des secousses, que les peuples se donnent
des constitutions ! ! !

« Le sentiment national universel attribue tous les malheurs de la patrie aux vices de la nôtre. Placés, dans la position où nous sommes, à l'abri des factions, nous n'avons
point d'excuse si nous ne faisons pas le bien : si nous oublions
aujourd'hui que le salut du peuple est la suprême loi, si nous
ne prêtons pas un prompt appui à l'édifice politique qui s'é-
croule, nous nous chargeons de l'exécration justement méritée
du siècle présent et des siècles futurs.....

« Il existe des principes constitutionnels, nous voulons tous
maintenir ces principes ; mais il n'existe plus d'organisation
constitutionnelle, car celle qui existe a été violée tour-à-tour

par tous les partis. On peut en imposer par des mots vides de
sens aux peuples ignorans et crédules, mais on ne peut en imposer au peuple le plus instruit et le plus impatient de la
terre. Croyez-vous qu'il ignore que cette organisation, qui ne
lui a garanti aucun de ses droits tant promis, et dont tant de
mains ont arraché les pages à peine écrites, n'est plus qu'une
arme offensive ou défensive, dont chaque faction se prévaut
tour-à-tour ? ... Et s'il est vrai qu'aucun droit ne soit garanti
par elle, devons-nous tarder à la modifier ? Et si nous tar-
dions, pouvons-nous douter que les fauteurs des dangers de
la patrie ne ressaisissent, à la première occasion, le moment
que nous aurons laissé échapper ?.....

» Telle est la question que j'adresse à chacun de mes collègues. Méditons, et prononçons ensuite, dans toute la liberté
de notre ame, sur la situation de la patrie. Cet ancien palais
des rois où nous siégeons dans cette nuit solemnelle, atteste que
la puissance n'est rien, et que la gloire est tout. Si nous
sommes indignes aujourd'hui du premier peuple de la terre ;
si, par des considérations pusillanimes et déplacées, nous ne
changeons pas l'affreux état où il se trouve ; si nous trom-
pons ses espérances, dès aujourd'hui nous perdons notre gloire,
et nous ne garderons pas long-tems notre puissance : lorsque
la mesure des maux se comble, l'indignation des peuples s'approche.

» J'ai cru, représentans du peuple, pouvoir vous tenir ce
langage. De vos délibérations dépendent la prospérité publique et la paix. Vous devez oublier tous les liens factices, et
ne vous ressouvenir que du bonheur du peuple français, dont
vous êtes chargés. Je livre à vos méditations profondes les
idées que je viens d'émettre. Je demande qu'il soit nommé,
séance tenante, une commission spéciale de neuf membres,
chargée de présenter ses vues sur votre situation actuelle, et
les moyens de l'améliorer.

» Ce matin, des assassins revêtus de la toge, ont fait re-
tentir ces voûtes des cris de la rage et des accens de la fureur..... Votre courage, celui des soldats de la patrie les ont
arrêtés ; à cette heure leur règne est passé. Mais achevons de
peindre au monde épouvanté la hideuse physionomie de ces
enfans de la terreur. Ce qui se dit dans cette nuit du 19 brumaire, au milieu de cette enceinte, sera répété par les siècles.
» Pendant

» Pendant que votre commission travaille au salut de la patrie, permettez-moi de vous entretenir pour la dernière fois
de ceux qui avaient juré sa perte.

» Ils répètent sans cesse les mots d'attentat à la constitution,
et de sermens violés....... Eux qui, lorsqu'il faut donner au
peuple français le bonheur et la paix, affectent tant de scru-
pules politiques, que faisaient-ils, que disaient-ils il y a quelques mois ? Avaient-ils alors oublié leurs sermens, lorsque
conspirant dans les ténèbres, et réunissant tous les élémens
révolutionnaires, ils appelaient la discorde et l'épouvante dans
le sein de la patrie, et qu'ils désignaient tous les hommes généreux à la proscription ? Croient-ils que nous ayions oublié,
que la France ait oublié ces jours de deuil où la terreur gra-
vitait de nouveau sur l'horison menaçant ? Croient-ils que
nous ayions oublié leurs projets de convention, de comité de
salut public, de carnage et d'effroi ? Qu'avaient-ils fait alors
de leurs sermens ? Le peuple français nous écoute ; et puisqu'ils
osent se parer du masque de la vertu, je veux le leur arracher,
et livrer à la France épouvantée ces hideuses figures, livides
encore des projets de destruction anéantis par notre courage.

» Ils parlent de vertu, de constitution, de sermens ! Qu'ils
répondent, je les interpelle. Qu'avaient-ils fait de leurs sermens, ce jour où, dans cette caverne du manège, oubliant
leur caractère de représentans du peuple, ils allaient se mêler
aux assassins pour appeler les poignards sur nos têtes ? Par-
laient-ils constitution, lorsqu'au milieu de leurs sicaires, ils
s'écriaient qu'il fallait que le peuple se sauvât lui-même, et
que nos têtes n'étaient plus populaires. Audacieux conspirateurs, ils appelaient alors à l'insurrection ! et aujourd'hui, lâches caméléons, ils invoquent cette charte sur laquelle ils
avaient déjà imprimé leurs mains ensanglantées ! ! !

» Ils espéraient faire déborder une seconde fois sur notre sol
le torrent de leur affreuse domination, et ils ne trouvaient
plus alors que la constitution fût une digue suffisante pour
les arrêter ; et lorsqu'il s'agit de donner la paix et le bonheur
à la France, ils trouvent que cette digue est un obstacle in-
vincible. C'est ainsi que, changeant sans cesse de masque, leur
figure est toujours la même : c'est la figure affreuse du crime,
de la bassesse et de la tyrannie.

» Mais ce moment doit les démasquer tout entiers. Nous

avions gardé le silence sur leurs complots fratricides, parce
que nous devions présumer qu'ils préféreraient la générosité
à la justice..... Mais ils prennent, eux, la générosité pour la
faiblesse, et nous devons cesser aujourd'hui d'être généreux.

» Ils parlent toujours du peuple et pour le peuple : Eh bien !
je l'évoque autour de nous ce peuple répandu sur l'immense
république ; que ses flots majestueux nous pressent, nous entourent ; qu'il nous écoute, et qu'il juge.

» Depuis que la constitution existe, les démagogues ne
cessent de conspirer contre-elle pour lui substituer leur code
de 93. Il y a quatre mois qu'ils avaient cru voir arriver le
moment de la mort ; ils conspiraient tous les jours et toutes
les nuits, et c'était sans doute en faveur du peuple : car ils
voulaient lui rendre les inappréciables bienfaits du *maximum*, de la famine, des tribunaux révolutionnaires, des
échafauds, et tant d'autres lois qu'ils appelaient bonheur commun ! La patrie fut en proie un instant aux ennemis étrangers ; et comme s'ils avaient attendu le signal, ils s'élancèrent
aussi en vautours sur la patrie, et ils crurent pouvoir accomplir leurs projets. Voulaient-ils alors la constitution de l'an 3,
ces sénateurs intègres qui montrent tant de zèle aujourd'hui ?
La voulaient-ils, lorsque des hordes d'assassins, ramassés par
leurs ordres autour de nos palais, préludaient à notre assassinat par les injures ?.... Les voix féroces de leurs frères demandaient notre sang ; et lorsqu'on nous offrait d'une main le
poignard, de l'autre on leur offrait le sceptre de plomb. Eux
observaient, écoutaient avec complaisance ces hommes bourreaux, ces femmes furies qui souriaient à leurs sourires ; ils
traversaient leurs rangs d'un air calme et d'un pas lent, comme
le triomphateur qui savoure à longs traits les cris de l'alégresse publique. Ils montraient leurs cartes à ces groupes in-
fernaux, et ils étaient salués du titre de représentans fidèles....
Oui, ils étaient fidèles à l'assassinat et au brigandage..... et
aujourd'hui ils osent parler principes ! Ils ont perdu le droit
de le faire. Ils sont condamnés au silence et à l'exécration. Il
est passé le tems de l'indulgence et de la faiblesse, et les
hommes de bien ont enfin senti que la guerre civile même
serait préférable à l'infamie de leur joug.

» Mais vous, pères de la patrie, vous qui voulez donner à
la France le bonheur et la paix, vous êtes enfin séparés de

ces hommes , et leur petit nombre doit les épouvanter autant
que la multitude de leurs crimes..... Leur groupe affreux est
livré à la contemplation du public , à l'animadversion des
guerriers..... à l'horreur du monde.

« La France, les armées , l'Europe, l'Afrique et l'Asie nous
contemplent..... Si nous étions faibles aujourd'hui , nous serions les plus lâches des hommes Quant à moi , j'ai rougi de
porter plus long–tems la toge , lorsque les clameurs et les poignards de quelques factieux étouffaient dans cette enceinte
les cris de trente millions d'hommes qui demandent la paix ;
je rougirais encore de l'avoir reprise , si , délivrés du joug des
démagogues assassins , vous pouviez, dans cette séance déci-
sive , reculer devant le salut de la patrie.

« Je demande que votre commission soit entendue séance
tenante.

« *Vive la république* » !

« *Boulay* (de la Meurthe). Il y a quelque tems , que célé-
brant à cette tribune les victoires des armées de la république , je disais que bientôt elles nous mettraient dans
« l'heureuse position de faire une paix glorieuse et durable ».
J'ajoutais que « soignant sans relâche le bonheur domestique
« de la nation (objet unique de la révolution), il fallait que
« nous assurassions ce bonheur en donnant au gouvernement
« une assiette fixe et vraiment constitutionnelle , en éta-
« blissant un système convenable et permanent de finance
« et d'administration , en réalisant enfin parmi nous les avan-
« tages de la liberté publique et particulière ».

« C'est pour remplir cette tâche honorable , qui est le but
principal de notre mission , que le mouvement qui vient de
s'opérer avait été concerté. Il était dans le vœu de ceux qui
l'ont entrepris, qu'il se fît uniquement par la force constitutionnelle et morale , et c'est ainsi qu'il s'est effectué au conseil
des anciens ; mais la démence et les fureurs de la faction
démagogique, qui nous a constamment tourmentés depuis
long–tems, n'a pas permis qu'il en fût de même dans notre
sein. Elle s'est opposée à toute espèce de délibération ; elle a
tyrannisé l'assemblée ; elle a forcé la majorité saine et bien
intentionnée à sortir de cette enceinte ; elle a fini par dis-
soudre le conseil , et par le changer en rassemblement in-
constitutionnel et séditieux ; et nous tombions dans toutes les

horreurs de la guerre civile, sans la fermeté prévoyante et
nécessaire de celui que la loi avait investi du droit de faire
régner l'ordre dans ce grand mouvement.

» Ainsi, maintenant que nous sommes dégagés de la tyrannie de cette faction, nous pouvons réfléchir avec calme
sur notre position, et chercher les moyens de sauver la république expirante. Pour y réussir, nous avons de grands moyens
sans doute ; mais il nous reste aussi de grands obstacles à
vaincre, et, pour les vaincre, il faut commencer par les bien
connaître. Après les avoir étudiés soigneusement, j'avoue
qu'ils m'ont paru tels, que, si nous manquions de bon sens
pour les appercevoir, de franchise pour les dire, et de courage pour les surmonter, il n'y aurait pour nous aucun espoir
fondé de paix et de bonheur.

» Qu'avant l'établissement du gouvernement constitutionnel, la paix ne se soit pas faite, on le conçoit facilement.
Il n'y avait alors qu'un gouvernement qui se qualifiait lui-
même de révolutionnaire, et qui n'étant que la domination
de quelques hommes qui étaient bientôt renversés par d'autres, ne présentait par conséquent aucune fixité de principes
et de vues, aucune garantie assurée, soit du côté des choses,
soit du côté des personnes.

» Il semble que cette garantie et cette fixité auraient dû
exister depuis l'établissement et par l'effet du régime constitutionnel ; et cependant il n'y en a pas davantage, et peut-
être moins qu'auparavant. A la vérité, nous avons fait quelques traités partiels ; nous avons signé la paix continentale,
un congrès général a eu lieu pour la consolider ; mais ces
traités, ces conférences diplomatiques paraissent avoir été la
source d'une nouvelle guerre plus acharnée et plus sanglante.

» On peut en assigner comme causes, la mauvaise foi de
nos ennemis, les passions et les fausses vues de quelques
hommes qui n'ont que trop abusé du pouvoir dont ils jouis-
saient dans la république. Mais ces causes sont-elles les seules,
sont-elles même les plus décisives ? je crois pouvoir en douter.
Ne doit-on pas assigner aussi le défaut d'une diplomatie
sage, constante et vraiment républicaine ? La nation française
n'est-elle pas assez grande, assez victorieuse pour dire aux
autres puissances : Voilà mes justes droits ; je vous ai prouvé
que tous vos efforts étaient impuissans pour y porter atteinte

que, dans cette lutte, les risques n'étaient pas aussi grands de mon côté que du vôtre, et qu'ainsi la paix était autant dans votre intérêt que dans le mien.

» Si, d'un côté, la nation est assez puissante pour tenir ce langage ; de l'autre, n'est-elle pas assez éclairée sur son véritable intérêt pour leur dire : Je me borne à la jouissance de ces justes droits que je tiens de la nature et de mon courage ; respectez-les, je saurai respecter les vôtres. Soumettons-nous à l'empire de ce droit naturel qui devrait toujours lier les peuples, et ne prétendons à aucune autre influence qu'à celle que donne la supériorité de sagesse et d'industrie.

» Si jamais une nation a pu tenir ce langage, et fonder sur de pareilles bases ses rapports avec les autres peuples, c'est assurément la nation française : mais quand dans l'état actuel de son organisation politique, on voudrait établir une pareille diplomatie, et stipuler des traités de paix, quelle en serait la garantie ? Avant le 18 fructidor de l'an 5, le gouvernement français ne présentait au-dehors qu'une existence incertaine, et on refusait de traiter avec lui. Après ce grand événement, tout le pouvoir ayant été réuni dans le bassin directorial, le corps législatif fut comme non existant ; les traités de paix furent bientôt rompus, et la guerre portée par-tout, sans qu'il y eût aucune part. Le même directoire, après avoir effrayé toute l'Europe, et détruit à son gré beaucoup de gouvernemens, n'ayant su faire ni la paix ni la guerre, n'ayant pas su s'affermir lui-même, a été renversé d'un souffle au 30 prairial, pour faire place à d'autres hommes qui peuvent avoir des vues différentes, ou être soumis à une influence opposée.

» Ainsi, à ne juger que sur les faits notoires, le gouvernement français doit être considéré comme n'ayant rien de fixe ni du côté des hommes, ni du côté des choses ; et malheureusement, quand on examine cette partie de son organisation, il est évident qu'elle donne un trop libre cours aux volontés et aux passions particulières, qu'elle favorise trop le changement de système, et le triomphe éphémère et successif de toutes les factions.

» Si, par le défaut d'une diplomatie convenable, et d'une marche assurée et permanente dans le gouvernement à l'égard des autres peuples, il est difficile de stipuler la paix et plus difficile encore de la conserver ; si à cet égard il nous manque des lois organiques qui établissent un système de garantie, où est aussi pour le peuple la garantie de son bonheur domestique ? Ce bonheur consiste dans le libre exercice de ses facultés naturelles et acquises dans la jouissance assurée de sa personne, de sa propriété, des plaisirs de son choix ; il consiste, en un mot, dans la liberté civile, pour laquelle seule les hommes se réunissent et restent en société ; pour laquelle seule ils établissent un gouvernement et des lois, et s'y soumettent volontairement. Or, les citoyens français jouissent-ils de cette liberté civile, et leur est-elle suffisamment garantie ? Non : il n'est personne qui osât l'affirmer ; il est trop notoire, en effet, que la sûreté personnelle peut être facilement compromise, que la plupart des propriétés sont dans l'incertitude ; que les transactions, le commerce, tous les arts nécessaires et utiles sont dans un état de stagnation ; qu'il n'y a plus de confiance réciproque, et que par-tout le peuple est tourmenté dans tous les sens, et tel est l'excès de son malheur, qu'il ose se plaindre à peine, et que les hommes qui voient les causes de tant de maux, craignent de les faire connaître et d'indiquer les remèdes.

Quelle est la cause principale de ce défaut de liberté civile et de bonheur domestique ? Elle est encore dans les imperfections et les vices de notre organisation sociale ; et certes, ce serait mal raisonner que de la chercher ailleurs : car le gouvernement n'étant institué que pour les gouvernés, et la liberté publique n'étant que le moyen d'assurer la liberté particulière, il est clair que si celle-ci n'existe pas, s'il y a souffrance dans la masse des gouvernés, cela vient de ce que le moyen est imparfait, de ce que l'organisation et le développement des pouvoirs publics sont vicieux. Parcourons, en effet, les branches principales de notre régime politique ; par-tout nous y trouverons des défauts essentiels, et sur-tout le défaut de garantie suffisante.

Le peuple est reconnu souverain ; mais comment exerce-t-il cette souveraineté ? Il ne l'exerce lui-même qu'en choisissant les objets de sa confiance, encore n'est-ce que par des intermédiaires qu'il choisit ses principaux magistrats et ses représentans. Or, l'exercice de ce droit unique qu'il s'est réservé, lui est-il suffisamment garanti ? Il est difficile de le croire,

si on en juge d'après les faits, puisque les élections du peuple
n'ont presque jamais eu lieu que sous l'influence tyrannique
d'une faction, et que ses choix ont été rarement respectés,
et qu'en outre, quand on considère les lois existantes à cet
égard, on ne voit pas comment on pourrait jamais empêcher
un parti dominant de se porter à ce coupable attentat.

» Si de l'examen des droits politiques, nous passons à celui
des pouvoirs publics, nous voyons que la constitution en a
établi trois principaux qu'elle a déclarés indépendans, et dont
elle a réglé les attributions respectives : mais cette indépendance est-elle bien assurée, et les limites de ces attributions
suffisamment déterminées ? La distinction entre la loi qui est
l'ouvrage du corps législatif, les actes exécutifs et administratifs, qui ne peuvent émaner que du directoire ou de ses agens,
et les jugemens qui forment le domaine exclusif du pouvoir
judiciaire, cette distinction est-elle établie avec assez de pré-
cision ? Certes, il est permis d'en douter, et sur-tout à la vue
de nos actes, dont la plupart paraissent plutôt administratifs
ou judiciaires, que de véritables lois. Et d'ailleurs, quand la
ligne de démarcation serait clairement tracée, si le corps législatif voulait la franchir, on ne voit quel frein pourrait l'en
empêcher. Lui seul a le droit d'interpréter la constitution ;
lui seul est juge de la compétence entre lui et les autres pouvoirs ; lui seul a le droit d'en poursuivre les dépositaires
comme coupables de forfaiture : l'indépendance n'est donc pas
réciproque, ou du moins elle n'est pas assez fortement garantie.

» On parle de gouvernement, et on n'est pas même d'accord sur le sens constitutionnel de ce mot. Quand on recueille
les diverses idées qu'on y attache, on n'y voit qu'incertitude,
embarras, contradiction. Que si on veut le prendre dans le
sens le plus étendu, et comme embrassant l'action du pouvoir
législatif et celle du pouvoir exécutif, loin que ces deux ac-
tions marchent de concert vers le même but, elles sont au
contraire dans une opposition constante, offrant le spectacle
de deux ennemis acharnés qui se combattent sans cesse et
s'écrasent tour-à-tour. Si on ajoute à cela le fréquent renou-
vellement de ces deux autorités, et la manière dont elles sont
renouvellées, on ne peut appercevoir dans cette prétendue
organisation, qu'un mélange de parties incohérentes,

source féconde et éternelle de confusions, de troubles et de malheurs, soit pour les gouvernans, soit pour les gouvernés.

« Si nous considérons plus particulièrement le pouvoir exécutif, nous voyons que les dépositaires en sont responsables : mais rien de moins organisé que cette responsabilité. Si celle des agens du directoire ne peut être poursuivie que par lui, n'est-elle pas illusoire ? Si elle peut l'être sans lui, ne cessent-ils pas de lui être soumis ? Quant au directoire lui-même, quelle est sa garantie contre une faction injuste et violente qui a la majorité dans le corps législatif ? Il ne peut en trouver que dans l'insurrection : et, d'un autre côté, lors même que la poursuite est bien fondée, n'aura-t-il pas encore recours, pour s'y soustraire, à cette ressource de l'insurrection ? Et quand on fait attention à ses moyens de séduction, à l'ascendant qu'il peut acquérir sur la force armée, n'est-on pas frappé de l'immense danger qui résulte, pour la chose publique, de l'exercice de cette responsabilité ?

« Si nous envisageons ensuite l'action immédiate du pouvoir exécutif sur le peuple, ou, en d'autres termes, si nous examinons notre système administratif, qu'y voyons-nous ? rien de fixe et de régulier, ni du côté des hommes, ni du côté des choses. Les administrations changent sans cesse au gré des partis tour-à-tour dominans. Et de quoi sont-ils occupés ? Est-ce du bien-être des administrés ? Non ; mais du soin de consolider la domination de leur parti sur les ruines du parti opposé, et d'assurer leur influence sur les élections. Il y a sans doute à cela d'honorables exceptions : mais voilà ce qui depuis trop long-tems est habituel et général.

« Au reste, qu'on examine toutes les parties du service public : en est-il une seule qui soit organisée, qui ait une marche régulière et constante ? Non : tout est dans le cahos, et tous nos efforts pour en sortir n'ont abouti et ne pouvaient peut-être aboutir qu'à nous y plonger davantage. Est-il donc étonnant qu'il n'y ait en France ni liberté publique, ni liberté particulière ; que tout le monde y commande, et une personne n'y obéisse ; en un mot, qu'il n'y ait qu'un fantôme de gouvernement ?

« Voilà la cause essentielle de tous nos maux. Que faut-il donc faire pour en sortir ? Il faut construire un nouvel édifice

politique

politique qui soit régulier et solide. Les bases de la constitution ou les principes généraux sont bons: ce sont les principes
de tout gouvernement républicain, la souveraineté du peuple,
l'unité de la république, l'égalité des droits, la liberté, le régime représentatif; mais l'organisation constitutionnelle, ar-
rangée sur ces bases, est essentiellement vicieuse; l'expérienc
l'a démontré. Il faut donc s'élever à ces principes fondamen-
taux, ne plus voir la constitution que dans eux, et nos obligations que dans leur maintien. Mais vouloir tenir à la partie
réglémentaire de la constitution, ce serait de notre part un
respect superstitieux et funeste ; ce serait manquer à ce qu'il
y a d'essentiel dans notre serment.

« Il ne faut pas craindre d'énoncer cette vérité salutaire :
elle est dans l'intérêt national ; elle est avouée par tous les
hommes éclairés et de bonne foi, elle est aussi dans la conviction des démagogues qui nous tourmentent depuis si long-
tems. Ils sentent, comme nous, que l'ordre de choses actuel
ne peut plus subsister : et toute la question entre eux et nous
est de savoir si le changement sera fait par eux ou par les
hommes instruits et honnêtes. Ils voudraient s'emparer du
mouvement, et gouverner la France à la manière de 1793 :
au lieu que nous desirons l'établissement d'une liberté convenable, d'un plan de liberté qui s'allie avec l'ordre, et fasse
naître le bonheur. Nous voulons la liberté pour tous, et ils ne
la voudraient que pour eux ; nous voulons nationaliser la république, et eux, ne la placer que dans leur parti. C'est une
nouvelle caste nobiliaire qu'ils voudraient introduire, laquelle
serait beaucoup plus insupportable que celle que nous avons
détruite, en ce qu'elle ne comprendrait que la portion la plus
ignorante, la plus immorale et la plus vile de la nation.

« Si l'état actuel des choses ne peut plus subsister, il faut
donc le détruire et le remplacer par un autre qui arrache la
république à l'abîme où elle est sur le point d'être ensévelie :
mais ce nouvel ordre de choses peut-il être décisif ? Non ; il
est impossible d'en improviser un qui le soit. On ne peut trop
apporter de réflexions et de maturité à sa création ; il faut
par conséquent prendre le tems et les précautions nécessaires
à son établissement ; il faut donc créer les instrumens qui
puissent l'établir ; il faut quelque chose de provisoire et d'intermédiaire ; et c'est précisément ce que vous présente le pro-

jet qui est soumis à votre délibération. Il crée un pouvoir exécutif, composé de trois hommes, qui porteront le nom de consuls, et qui, par leur moralité, leurs talens, la gloire qui les environne, feront renaître la confiance publique, imprimeront un mouvement rapide et fort à toutes les parties de l'exécution, et prépareront avec succès une paix honorable et solide.

» Dans ce projet, le corps législatif est ajourné, et laisse deux commissions qui le suppléent pour tous les objets urgens de police, de législation et de finance ; elles sont aussi chargées de préparer une nouvelle organisation constitutionnelle, travail important qui peut seul assurer le succès de cette journée mémorable, et préparer la liberté et le bonheur public.

» Les députés ajournés pourront recevoir toute espèce de mission du pouvoir exécutif. Par là ils concourront à l'exécution du plan concerté, en établissant par-tout l'unité d'intention et de direction.

» Telles sont les vues principales du projet qui vous est proposé : il paraît nécessaire pour arriver au résultat qui est le but du grand mouvement qui vient de s'opérer. Il faut ici, représentans du peuple, juger sainement la position de la république ; il faut vous élever à des idées grandes et politiques. C'en serait fait de la liberté, si vous n'avez pas le courage de prendre un parti généreux et magnanime.

Villetard, au nom de la même commission, lit le projet de résolution déjà présenté par Chazal.

Cabanis : « Votre commission spéciale ne s'est point dissimulé sa position : mais elle a mesuré les circonstances d'un œil ferme ; et elle n'a considéré que ses devoirs.

» Le tems des ménagemens, des petites transactions, des demi-mesures est passé : elle vous devait la vérité toute entière, elle vous l'a dite sans détour : son mandat lui prescrivait de vous présenter des mesures efficaces ; elle a foulé aux pieds toute timide considération, pour vous indiquer franchement ce qui seul lui semble capable d'assurer la liberté, d'organiser solidement la république, et de faire jouir enfin le peuple de leurs bienfaits.

» Il était du devoir de votre commission de vous rappeler le vôtre, de vous présenter un tableau fidèle de l'état où se trouvé la France dans ce moment, de vous montrer avec évidence qu'elle ne peut être sauvée que par de vigoureuses déterminations de votre part.

» Votre véritable mission, citoyens représentans, est de rendre heureux ce peuple magnanime pour lequel vous stipulez. Tant qu'il n'est pas heureux, il peut se croire, et il est réellement en droit d'élever la voix contre vous. Et en effet, le bonheur qui, en dernier terme, est le but de tous les efforts individuels, n'est-il pas aussi celui de l'organisation sociale et des lois ? Les constitutions et les législations sont-elles autre chose que des moyens pour y atteindre ? Moyens plus ou moins sûrs, suivant qu'ils sont plus ou moins habilement appropriés à la nature de l'homme, aux circonstances locales, à l'état des esprits. Le système républicain et la liberté elle-même ne doivent être considérés que comme des moyens de bonheur : mais ceux-là sont indispensables, puisque hors de la loi publique la liberté ne saurait se conserver pure, et que sans liberté, il est impossible de rendre heureux des êtres qui font usage de leur raison.

» Le peuple français a-t-il, dans l'état présent, une véritable république ? Jouit-il d'une liberté réelle ? Goûte-t-il enfin le bonheur que l'une et l'autre doivent assurer ? Chacun de vous me prévient, vous répondez unanimement *non*. Non, ce n'est pas une véritable république que celle où l'intérêt national et le cri de l'opinion sont incessamment foulés aux pieds par les factions dominatrices ; où les intrigues peuvent agiter le peuple dans tous les sens, et tourner toute sa force contre lui-même ; où toutes les extravagances et tous les crimes (qu'un gouvernement quelconque a toujours pour objet de contenir), se trouvent en quelque sorte naturellement organisés en armées redoutables, et sont continuellement à la veille de se ressaisir du pouvoir.

» Non, le peuple n'est pas libre et heureux là où des milliers de lois produites par le désordre des événemens, tiennent la hache toujours suspendue sur toutes les têtes, ébranlent ou menacent toutes les propriétés ; où les talens, les vertus, les richesses deviennent tôt ou tard des titres de proscription ; où l'industrie ne trouve presque plus d'aliment à cause de la fuite des capitaux, presque plus d'encouragement à cause de l'effroi des consommateurs ; enfin, où les lois et le gouvernement lui-même sont dans un état continuel d'instabilité, qui ne présente nulle garantie solide aux citoyens, nourrit l'inquiétude et les alarmes dans toutes les imaginations.

» Si ces inconvéniens tenaient à des circonstances indépendantes des hommes, il faudrait savoir les supposer avec résignation : mais s'ils ne sont que la suite des choses qui peuvent être changées, il faut savoir y porter remède avec courage.

» Les auteurs de la constitution de l'an 3, je me plairai toujours à le redire, ont rendu des services immortels à la liberté : ils n'ont pas seulement enchaîné pour un tems assez long les fureurs des factieux, mais ils ont fixé les incertitudes et dissipé l'effroi que le gouvernement révolutionnaire avait fait naître dans toutes les ames. Par eux le système républicain s'est enfin réalisé, puisque c'est de ce moment, que le peuple l'a vu s'allier avec une certaine tranquillité publique, sans laquelle tout gouvernement doit bientôt périr. Il faut d'ailleurs rendre justice à cette constitution. Les bases en sont excellentes, et l'on ne connaissait point encore une aussi bonne division des pouvoirs. Mais ses auteurs que l'on devra toujours citer avec reconnaissance, et qui firent dans le tems, beaucoup plus, peut-être, qu'on ne pouvait attendre d'eux, ont reconnu depuis eux-mêmes qu'elle renfermait des vices ; que certaines parties en étaient trop faibles, d'autres mal coordonnées avec le tout ; qu'en un mot, n'offrant pas des garanties suffisantes de sa solidité, elle encourage les factions à l'attaquer sans cesse, leur fournit même des moyens périodiques de la renverser, et force les patriotes conservateurs à la violer sans cesse eux-mêmes pour la dérober à leurs coups.

» Qu'on réponde franchement : est-il possible, en effet, de jouir d'une liberté véritable, d'une sécurité constante, fondée sur la force des lois et sur l'action toujours mesurée des pouvoirs protecteurs, dans un pays où les élections annuelles mettent le peuple dans un état de fièvre, au moins six mois sur les douze ; où la proportion des nouveaux législateurs nommés chaque année, est telle que, suivant tous les calculs, leur arrivée doit faire presque nécessairement changer la majorité ; où, par conséquent, la législation n'a rien de fixe ; où le pouvoir exécutif a tous les moyens d'usurper, mais manque toujours de force pour gouverner, et maintenir la paix dans l'état ; où l'administration la plus compliquée qui fut jamais, coûte des sommes immenses au peuple, et cela seulement pour embarrasser l'action des lois, pour fatiguer les citoyens de vaines formalités, où le système judiciaire forme une espèce d'état dans l'état, et peut à chaque instant menacer la liberté publique, sans que les jugemens en soient eux-mêmes plus indépendans ; en un mot, où toutes les causes qui produisent tout-à-la-fois l'arbitraire et l'agitation, menacent toujours le peuple de la tyrannie et du bouleversement ?

« Maintenant, qu'on joigne à ces tableaux, celui de la guerre la plus acharnée, entreprise par les despotes tremblans, contre la liberté naissante d'un peuple, et l'on ne sera plus surpris de voir des besoins multipliés et subits produisant des mesures précipitées ; ces mesures entraînant une nouvelle série de désordres et de dilapidations ; les dilapidations et les désordres nécessitant, en quelque sorte, une suite indéfinie de mauvaises lois de finance, une foule de vexations de détail, un système d'administration fatigant, inquisitorial, tyrannique. Il est résulté de là que l'idée de république et celle de brigandage et d'oppression se sont liées dans beaucoup de têtes, comme du tems de Chaumette et d'Hébert, celle de philosophie se trouva confondue avec celle d'un athéisme cynique et dévastateur.

« Mais ce qui, dans la chaleur révolutionnaire, fut l'effet de la désorganisation violente de l'ancien ordre de choses, n'a pu se perpétuer en partie dans le système constitutionnel, que par la faiblesse ou l'incohérence des lois organiques. Si telle est en effet notre situation (et malheureusement rien n'est plus certain), comment est-il possible que le peuple recueille les bienfaits qui lui furent promis de la révolution ?

« Egalité, liberté, république ! noms chéris, noms sacrés, tous nos vœux, tous nos efforts, toutes les puissances de nos ames vous appartiennent, sont consacrées à votre culte ; c'est pour vous que nous vivons ; c'est pour votre défense que nous sommes prêts à périr : mais vous serez toujours de vains mots, si vous n'êtes pas garanties par un ensemble d'institutions sociales vigoureuses ; si, dans leur propre organisation, ces institutions ne trouvent pas elles-mêmes des gages certains de leur stabilité.

« Soyons de bonne foi, représentans du peuple : il n'est aucun de nous qui, dans le fond de son cœur ne soit persuadé que la constitution présente des lacunes, que plusieurs de ses parties sont incohérentes, mal appropriées aux effets qu'elles doivent produire, et que de là résultent cet embarras, cette confusion et ces mouvemens irréguliers qui ont sans cesse troublé sa marche presque depuis le jour de son établissement. Et à cet égard, il faut être juste envers ceux qui voulaient faire déclarer la patrie en danger ; ils avaient bien senti qu'en restant dans les sentiers battus, nos moyens actuels sont insuffisans pour sauver la république et la liberté : mais celui qu'ils proposaient devait anéantir infailliblement l'une et l'autre, puisqu'il ne pouvait tendre qu'à désorganiser toutes les forces, à relâcher tous les liens qui les unissent à leur centre ; tandis qu'au contraire nos efforts doivent avoir pour but de régulariser plus vigoureusement toutes ces mêmes forces, de resserrer tous ces mêmes liens, d'imprimer une plus grande énergie aux ressorts moteurs.

« Mais ce ne sont pas seulement les fonctionnaires publics ou les hommes les plus éclairés, dont les regards suivent la marche des affaires avec une particulière attention ; c'est le peuple lui-même, c'est le peuple tout entier qui reconnaît et signale les vices de ses lois et de son gouvernement ; qui soupire après le moment heureux où des représentans dignes de lui ne craindront pas d'y faire tous les changemens qu'exige son bonheur, les changemens sans lesquels il ne croit pouvoir se promettre ni liberté, ni sûreté, ni protection pour son industrie, ni garantie pour ses jouissances ; sans lesquels enfin, les causes de la guerre se reproduisent incessamment à ses yeux, et la paix s'enfuit toujours, au moment-même où il se regarde comme le plus près de la saisir. J'entends dans ce conseil citer souvent le peuple ; mais c'est presque toujours par des hommes qui connaissent bien mal ses opinions, ses sentimens, ses vœux véritables. Je puis, j'ose le dire, en parler avec plus de connaissance de cause : je vois tous les jours la classe indigente et manouvrière, je la vois cette classe respectable, ou dans sa chaumière, ou dans son quatrième étage : et je puis attester avec vérité que nulle part l'horreur des lois prétendues populaires ne se manifeste avec plus d'énergie ; que nulle part il ne se forme des vœux plus ardens pour le retour à un système de justice et de

sécurité, que le peuple sait bien maintenant être seul capable
de faire jouir tous les citoyens de la richesse de quelques-uns,
et de faire circuler l'aisance dans toutes les parties du corps
social. L'état des esprits en est même au point, que, si le
peuple ne vous voyait prendre les moyens de faire promptement dans l'ensemble de la législation, tous les changemens
que son intérêt exige, le désespoir, joint aux sentimens de
ses droits que rien ne saurait plus désormais étouffer en lui,
peut d'un moment à l'autre le soulever comme en 89, d'un
mouvement suivi et spontané ; mais ce mouvement, sans
règle et sans but précis, ne manquerait pas de précipiter dans
le même gouffre et la constitution, et la république, et
liberté. Il périrait bientôt, sans doute, le tyran qu'un aveugle
enthousiasme aurait investi d'un pouvoir arbitraire ; mais ç'en
serait fait pour toujours de la grande nation : à la suite de
ces nouvelles crises révolutionnaires, il ne resterait plus personne pour relever l'édifice de la liberté ; et les peuples
étonnés, en contemplant nos débris, ne rappelleraient les
grandes choses que nous avons opérées depuis dix ans, que
pour en faire tourner les derniers résultats à notre éternelle
confusion.

« Non, vous ne pouvez plus balancer : il faut que vous tiriez
la république de cet état d'angoisse, ou que vous périssiez
avec elle : il faut prendre un parti décisif, et le prendre sur-
le-champ.

« En consultant les besoins du peuple, en vous élevant courageusement à la hauteur de votre mission, vous vous cou-
vrez d'une gloire impérissable ; et ce qui vaut mieux que la
gloire, les bénédictions de tout ce peuple reconnaissant vous
attendent, tous les souvenirs qui suivent l'accomplissement du
devoir vous sont promis.

« Que si, au contraire, vous veniez à méconnaître votre situation, si vous persistez à laisser les choses rouler au hasard,
dans cet état d'incertitude et de désordre qui nous conduit si
rapidement à notre perte, la république et la liberté ne péri-
raient pas seules, je le répète ; vous péririez tous avec elles,
tous infailliblement, tous couverts du mépris et de l'exécration des siècles.

« Consultez l'expérience des âges écoulés ; interrogez les cendres des peuples libres ; ou plutôt lisez dans l'avenir votre

propre histoire, comme vous lisez dans les tems passés l'histoire des Grecs et des Romains, et que les leçons qu'elle vous donne, pour ainsi dire, d'avance, ne soient pas perdues pour vous.

» Vous serez les dignes représentans de la grande nation ! Tout l'atteste : jamais le sort de la patrie fut-il remis en des mains plus dévouées ?

» Que votre destinée est belle et grande, législateurs ! il vous est réservé de donner la paix à l'Europe ; de rendre notre république plus stable et plus calme que ne le fut jamais aucune monarchie ; d'embellir cet état tranquille, si nécessaire au développement de tous les genres de prospérités, par l'enthousiasme des sentimens généreux que la liberté seule peut nourrir.

» L'assemblée constituante brisa les fers du peuple français, et proclama l'égalité ; l'assemblée législative sapa tous les fondemens de la monarchie ; la convention nationale fonda la république : vous aurez plus fait que toutes ces assemblées immortelles ; vous aurez réalisé, étendu, consolidé tous les biens qu'elles s'étaient promis de leurs efforts.

» Je ne vous ferai point l'injure de parler du sacrifice personnel et momentané que chacun de nous pourrait voir dans la détermination que votre commission vous propose. Le seul effet que j'en pusse craindre, c'est qu'il ne vous la fît adopter avec trop de désintéressement et de zèle : heureux du moins que ces sentimens soient ici (ce qu'ils n'ont pas été toujours à beaucoup près) d'accord avec l'intérêt national ! Mais au reste, nous allons tous, tous individuellement concourir à l'affermissement définitif du système républicain : répandus parmi le peuple français, nous irons y porter l'heureuse certitude que la nation va bientôt jouir, enfin, du prix de tant d'efforts généreux, et qu'une paix glorieuse et durable va bientôt enrichir de tous ses dons, le règne de la liberté.

» J'appuie donc la proposition de votre commission spéciale : et je crois de mon devoir et de mon honneur de déclarer au peuple, que, si elle n'est pas adoptée, il ne reste à ses représentans courageux et fidèles qu'à fuir dans quelque retraite inconnue, en attendant que la ruine prochaine

chaine de la république les avertisse de chercher un asyle plus sûr dans la tombe des Brutus et des Caton.

» Je me résume. Il est impossible que la constitution de l'an 3, telle qu'elle est, n'entraîne point très-rapidement la ruine de la liberté, et notre état actuel la dissolution de la nation française elle-même. Il est donc indispensable de faire des changemens à cette constitution. Or, ces changemens ne peuvent être faits et la réorganisation exécutée, qu'au moyen d'un gouvernement provisoire ; et celui que votre commission vous propose me paraît non-seulement le meilleur, mais encore le seul possible dans les circonstances où nous nous trouvons.

» J'appuie le projet.

Chabaut: « Représentans du peuple, la sagesse et l'énergie du conseil des anciens a sauvé, il faut le dire, la république de son anéantissement, le corps social d'une dissolution prochaine et inévitable : mais si l'immortelle journée du 18 brumaire n'avait aucun résultat ; si, comme celles qui la précédèrent, elle ne faisait que déplacer et replacer quelques individus ; si elle ne posait enfin la liberté sur des bases inébranlables en organisant son exercice, cette divinité des ames libérales serait perdue à jamais pour la France, pour notre patrie, qui retomberait sous le joug honteux du despotisme sacerdotal et nobiliaire, après avoir momentanément passé sous celui d'une horrible et sanglante démagogie.

» La vérité reprend ses droits, l'espérance est dans tous les cœurs ; il vous appartient, citoyens représentans, de la réaliser : vous allez être les bienfaiteurs de l'humanité ; le monde vous observe, l'histoire et la postérité vous jugeront.

» Nul homme de bonne foi ne peut défendre l'intégrité de la constitution de l'an 3, depuis les violations ouvertes et peut-être nécessaires qu'elle a souffertes au 18 fructidor, au 22 floréal et depuis.

» L'égalité, la liberté, la sûreté, la propriété n'existent que pour quelques individus, pour quelques classes de citoyens, au détriment de plusieurs autres.... Il est tems qu'un tel ordre de choses cesse, et que la république une et indivisible existe *de fait* pour tous ses membres, comme elle existe *de droit.*

» Les moyens d'arriver à ce but si désirable sont tous con-

N

tenus dans le projet soumis à votre discussion. Pourquoi tous les citoyens français ne peuvent-ils faire entendre leurs voix dans cette enceinte ? Leurs vœux unanimes adopteraient avec transport cette mesure réparatrice des maux passés, et qui ouvre le champ aux espérances les plus libérales.

« Je vote pour l'adoption du projet ».

Le projet de résolution est ensuite mis aux voix, article par article, et adopté ainsi qu'il suit :

« Le conseil des cinq-cents, considérant la situation de la république,

» Déclare l'urgence, et prend la résolution suivante :

» Art. 1er. Il n'y a plus de directoire ; et ne sont plus membres de la représentation nationale, pour les excès et les attentats auxquels ils se sont constamment portés, et notamment le plus grand nombre d'entre-eux, dans la séance de ce matin, les individus ci-après nommés :

Joubert (de l'Hérault),
Jouenne,
Talot,
Duplantier (de la Gironde),
Aréna,
Garau,
Quirot,
Leclerc-Scheppers,
Reubell (de l'Ourthe),
Poullain-Grandprey,
Bertrand (du Calvados),
Goupilleau (de Montaigu),
Daubermesnil,
Marquezy,
Guesdon,
Grandmaison,
Groscassand-Dorimond,
Frison,
Dessaix,
Bergasse-Laziroule,
Montpellier,
Constant (des Bouches-du-Rhône),
Briot,
Destrem,
Carrère-la-Garrière,
Gorrand,

Legot,
Blin,
Boulay-Paty,
Souilhé,
Demoor,
Bigonnet,
Mentor,
Boissier,
Bailly (de la Haute-Garonne),
Bouvier,
Brichot,
Honoré Declerck,
Housset,
Gastaing (du Var),
Laurent (du Bas-Rhin),
Beyts,
Prudhon,
Porte,
Truck,
Delbrel,
Leyris,
Doche (Delisle),
Stevenotte,
Jourdan (de la Haute-Vienne),
Lesage-Senault,

Chalmel,

André (du Bas-Rhin),

Dimartinelli,

Collombel (de la Meurthe),

Philippe,

Moreau (de l'Yonne),

Jourdain (d'Ille et Vilaine),

Le Tourneux,

Citadella,

Bordas.

» II. Le corps législatif crée provisoirement une commission consulaire exécutive, composée des citoyens Sieyes, Roger-Ducos, ex-directeurs, et Bonaparte, général, qui porteront le nom de *consuls de la république française.*

» III. Cette commission est investie de la plénitude du pouvoir directorial, et spécialement chargée d'organiser l'ordre dans toutes les parties de l'administration, de rétablir la tranquillité intérieure, et de procurer une paix honorable et solide.

» IV. Elle est autorisée à envoyer des délégués, avec un pouvoir déterminé, et dans les limites du sien.

» V. Le corps législatif s'ajourne au premier ventôse prochain; il se réunira de plein droit à cette époque, à Paris, dans ses palais.

» VI. Pendant l'ajournement du corps législatif, les membres ajournés conservent leur indemnité et leur garantie constitutionnelle.

» VII. Ils peuvent, sans perdre leur qualité de représentans du peuple, être employés comme ministres, agens diplomatiques, délégués de la commission consulaire exécutive, et dans toutes les autres fonctions civiles. Ils sont même invité, au nom du bien public, à les accepter.

» VIII. Avant sa séparation, et séance tenante, chaque conseil nommera dans son sein une commission composée de vingt-cinq membres.

» IX. Les commissions nommées par les deux conseils statueront, avec la proposition formelle et nécessaire de la commission consulaire exécutive, sur tous les objets urgens de police, de législation et de finances.

» X. La commission des cinq-cents exercera l'initiative; la commission des anciens, l'approbation.

» XI. Les deux commissions sont encore chargées de préparer, dans le même ordre de travail et de concours, les changemens à apporter aux dispositions organiques de la constitution, dont l'expérience a fait sentir les vices et les inconvéniens.

» XII. Ces changemens ne peuvent avoir pour but que de consolider, garantir et consacrer inviolablement la souveraineté du peuple français, la république une et indivisible, le

système représentatif, la division des pouvoirs, la liberté, l'é-
galité, la sûreté et la propriété.

» XIII. La commission consulaire exécutive pourra leur
présenter ses vues à cet égard.

» XIV. Enfin, les deux commissions sont chargées de préparer un code civil.

» XV. Elles siégeront à Paris dans les palais du corps
législatif ; et elles pourront le convoquer extraordinairement
pour la ratification de la paix, ou dans un grand danger
public.

» XVI. La présente sera imprimée, envoyée par des courriers extraordinaires dans les départemens, et solemnelle-
ment publiée et affichée dans toutes les communes de la république.

» Elle sera portée, sur-le-champ, au conseil des anciens
par un messager d'état ».

» *Cabanis* soumet au conseil un projet de proclamation
au peuple français.

» Le conseil l'adopte en ces termes :

» Le conseil des cinq-cents, considérant l'état où se trouve
dans ce moment la république, décrète, avec urgence, qu'il
sera fait une proclamation dont la teneur suit :

Adresse du corps législatif au peuple français.

Du 19 Brumaire, an 8.

» Français, la république vient encore une fois d'échapper
aux fureurs des factieux. Vos fidèles représentans ont brisé
le poignard dans ces mains parricides : mais après avoir dé-
tourné les coups dont vous étiez immédiatement menacés,
ils ont senti qu'il fallait enfin prévenir pour toujours ces
éternelles agitations ; et ne prenant conseil que de leur devoir
et de leur courage, ils osent dire qu'ils se sont montrés
dignes de vous.

» Français, votre liberté, toute déchirée et toute sanglante encore des atteintes du gouvernement révolutionnaire,
venait de trouver un asyle dans les bras d'une constitution
qui lui promettait du moins quelque repos. Le besoin de ce
repos était alors généralement senti ; il restait dans toutes les
ames une terreur profonde des crises dont vous sortiez à peine ;
votre gloire militaire pouvait effacer les plus gigantesques

souvenirs de l'antiquité ; dans l'étonnement et l'admiration, les peuples de l'Europe tressaillaient de votre gloire, et bénissaient secrettement le but de tous vos exploits ; vos ennemis vous demandaient la paix : tout en un mot, semblait se réunir pour vous assurer enfin la jouissance tranquille de la liberté et du bonheur ; le bonheur, et la liberté qui peut seule le garantir solidement, semblaient enfin être prêts à payer dignement tant de généreux efforts.

» Mais des hommes séditieux ont attaqué sans cesse avec audace les parties faibles de votre constitution : ils ont habilement saisi celles qui pouvaient prêter à des commotions nouvelles. Le régime constitutionnel n'a bientôt plus été qu'une suite de révolutions dans tous les sens, dont les différens partis se sont successivement emparés : ceux mêmes qui voulaient le plus sincèrement le maintien de cette constitution, ont été forcés de la violer à chaque instant pour l'empêcher de périr. De cet état d'instabilité du gouvernement, est résultée l'instabilité plus grande encore de la législation ; et les droits les plus sacrés de l'homme social ont été livrés à tous les caprices des factions et des événemens.

» Il est tems de mettre un terme à ces orages : il est tems de donner des garanties solides à la liberté des citoyens, à la souveraineté du peuple, à l'indépendance des pouvoirs constitutionnels, à la république enfin, dont le nom n'a servi que trop souvent à consacrer la violation de tous les principes : il est tems que la grande nation ait un gouvernement ferme et sage, qui puisse vous donner une prompte et solide paix, et vous faire jouir d'un bonheur véritable.

» Français, telles sont les vues qui ont dicté les énergiques déterminations du corps législatif.

» Afin d'arriver plus rapidement à la réorganisation définitive et complette de toutes les parties de l'établissement public, un gouvernement provisoire est institué : il est revêtu d'une force suffisante pour faire respecter les lois, pour protéger les citoyens paisibles, pour comprimer tous les conspirateurs et les malveillans.

» Le royalisme ne relevera point la tête ; les traces hideuses du gouvernement révolutionnaire seront effacées : la république et la liberté cesseront d'être de vains noms ; une ère nouvelle commence.

« Français, ralliez-vous autour de vos magistrats. Il ne se ralentira point le zèle de ceux qui ont osé concevoir pour vous de si belles et de si grandes espérances. C'est maintenant de votre confiance, de votre union, de votre sagesse qu'en dépend tout le succès.

« Soldats de la liberté, vous fermerez l'oreille à toute insinuation perfide ; vous poursuivrez le cours de vos victoires ; vous achèverez la conquête de la paix, pour revenir bientôt au milieu de vos frères, jouir de tous les biens que vous leur aurez assurés, et recevoir de la reconnaissance publique les honneurs et les récompenses réservés à vos glorieux travaux.

« *Vive la république !*

« La présente proclamation sera imprimée et affichée dans toutes les communes, et envoyée aux armées ».

Le conseil reçoit un message du conseil des anciens, contenant :

1°. La loi du 19 brumaire, portant que le général Bonaparte, les généraux Lefèbvre, Murat, Gardanne, les autres officiers généraux et particuliers, etc., ont bien mérité de la patrie ;

2°. La loi de ce jour, contenant des mesures de salut public, et l'ajournement du corps législatif au premier ventôse ;

En exécution de la loi de ce jour, portant qu'avant sa séparation, et séance tenante, chaque conseil nommera dans son sein une commission composée de vingt-cinq membres, lesquels statueront, pendant l'ajournement du corps législatif, avec la proposition formelle et nécessaire de la commission consulaire exécutive, sur tous les objets urgens de police, de législation et de finances,

Le conseil des cinq-cents nomme, pour composer la commission prise dans son sein, qu'il est chargé de former,

Les représentans du peuple,

Cabanis,	Daunou,
Boulay (de la Meurthe),	Gaudin (de la Loire),
Chazal,	Jacqueminot,
Lucien Bonaparte,	Bauvais,
Chénier,	Arnould (de la Seine),
Creuzé-Latouche,	Mathieu,
Bérenger,	Thiessé,

<table>
<tr><td>Villetard,</td><td>Devinck-Thierry,</td></tr>
<tr><td>Girot-Pouzol,</td><td>Frégeville,</td></tr>
<tr><td>Gourlay,</td><td>Thibaut,</td></tr>
<tr><td>Casenave,</td><td>Chabaud (du Gard),</td></tr>
<tr><td>Chollet (de la Gironde),</td><td>Bara (des Ardennes).</td></tr>
<tr><td>Ludot,</td><td></td></tr>
</table>

Un membre demande l'impression tant des différens rapports et discours qui ont été prononcés dans cette séance, que de la motion d'ordre faite, dans la séance de ce matin, par le représentant du peuple Gaudin, et leur distribution au nombre de douze exemplaires pour chacun des membres du corps législatif.

Un autre membre demande : 1°. que le procès-verbal de cette séance soit également imprimé et distribué au même nombre d'exemplaires ; 2°. que la commission intermédiaire soit chargée d'en surveiller la rédaction, et qu'il soit envoyé aux départemens et aux armées.

Un membre demande que les citoyens Sieyes, Bonaparte et Roger-Ducos, consuls de la république française, soient invités à paraître dans le sein du conseil, pour prêter le serment de fidélité inviolable à la souveraineté du peuple, à la république française, une et indivisible, à l'égalité, à la liberté et au système représentatif.

Le conseil adopte cette proposition.

En conséquence, les citoyens Sieyes, Bonaparte et Roger-Ducos sont introduits dans la salle, aux cris répétés de *vive la république !*

Le président (Lucien Bonaparte) prononce le discours suivant :

« Représentans du peuple, la liberté française est née dans le Jeu de Paume de Versailles : depuis l'immortelle séance du Jeu de Paume, elle s'est traînée jusqu'à vous, en proie tour-à-tour à l'inconséquence, à la faiblesse et aux maladies convulsives de l'enfance.

« Elle vient aujourd'hui de prendre la robe virile : elles sont finies dès-aujourd'hui toutes les convulsions de la liberté..... A peine venez-vous de l'asseoir sur la confiance et l'amour des Français, et déjà le sourire de la paix et de l'abondance brille sur ses lèvres.

» Représentans du peuple, entendez les bénédictions de
ce peuple et de ces armées, long-tems le jouet des factions
intestines, et que leurs cris pénètrent jusqu'au fond de vos
ames. Entendez aussi le cri sublime de la postérité : « Si
» la liberté naquit dans le Jeu de Paume de Versailles, elle
» fut consolidée dans l'Orangerie de Saint-Cloud ; les cons-
» tituans de 89 furent les pères de la révolution, mais les
» législateurs de l'an 8 furent les pères et les pacificateurs
» de la patrie ».

» Ce cri sublime retentit déjà dans l'Europe ; chaque jour
il s'accroîtra, et dans sa force universelle il embrassera
bientôt les cent bouches de la renommée.

» Vous venez de créer une magistrature extraordinaire et
momentanée, dont les effets doivent ramener l'ordre et la
victoire, seul moyen d'arriver à la paix.

» Auprès de cette magistrature vous avez placé deux commissions pour la seconder, et s'occuper de l'amélioration du
système social que tous les vœux réclament.

» Dans trois mois vos consuls et vos commissaires vous
rendront compte de leurs opérations : ils vont travailler pour
le bonheur de leurs contemporains et pour la postérité : ils
sont investis de tous les pouvoirs nécessaires pour faire le
bien. Plus d'actes oppressifs, plus de titres ni de listes de
proscription, plus d'immoralité ni de bascule........ Liberté,
sûreté pour tous les citoyens : garantie pour les gouvernemens
étrangers qui voudront faire la paix ; et quant à ceux qui
voudraient continuer la guerre, s'ils ont été impuissans contre
la France désorganisée, livrée à l'épuisement et au pillage,
que sera-ce aujourd'hui ?......

» Qu'il est beau le mandat que vous avez donné aux consuls
de la république !........ Dans peu le peuple français et vous,
jugerez s'ils ont su le remplir......

» Je déclare, au nom du corps législatif, que le conseil
des cinq-cents est ajourné au premier ventôse dans son
palais.

» A cette déclaration solemnelle la présente session se
termine. — Puisse la prochaine s'ouvrir avant trois mois, au
milieu d'un peuple heureux, tranquille et pacifié !

» *Vive la république !* »

En

En s'adressant aux trois consuls qui arrivent dans la salle au milieu d'un nombreux cortège, et qui s'arrêtent devant le bureau, le président continue debout et découvert :

« Citoyens consuls, le plus grand peuple de la terre vous confie ses destinées : dans trois mois l'opinion vous attend..... Le bonheur de trente millions d'hommes, la tranquillité intérieure, les besoins des armées, la paix, tel est le mandat qui vous est donné : il faut sans doute du courage et du dévouement pour se charger d'aussi importantes fonctions ; mais la confiance du peuple et des guerriers vous environne, et le corps législatif sait que vos ames sont toutes entières à la patrie.

« Citoyens consuls, nous venons, avant de nous ajourner, de prêter le serment que vous allez répéter au milieu de nous, le serment sacré de « fidélité inviolable à la souveraineté du » peuple, à la république française une et indivisible, à l'é- » galité, à la liberté et au système représentatif.

» A ces mots, les citoyens Sieyes, Bonaparte et Roger-Ducos répètent le serment, et la séance se leve au milieu des cris mille fois répété de vive la république ! »

CONSEIL DES ANCIENS.

Présidence DE LEMERCIER.

Séance du 19 brumaire au soir.

A neuf heures la séance est reprise.

L'administration centrale du département du Golo adresse au conseil le procès-verbal de la fête funéraire qu'elle a fait célébrer pour honorer la mémoire du représentant du peuple Pompei.

Le conseil ordonne la mention au procès-verbal, et le dépôt à la bibliothèque du corps législatif.

Lebrun fait un rapport sur la résolution du 6 de ce mois, portant qu'il sera prélevé, par forme d'emprunt, une somme de 5o millions sur les contributions arriérées.

Le conseil ordonne l'impression du rapport, et rejette la résolution.

Le conseil reçoit et approuve la résolution de ce jour, qui déclare que le général Bonaparte, les généraux et officiers qui l'accompagnaient, et toutes les troupes, ont bien mérité de la patrie.

Le conseil des cinq-cents envoie la résolution sur l'ajournement du corps législatif, et le projet d'adresse au peuple français.

L'acte d'urgence de la première résolution est aussi-tôt approuvé.

On demande à aller aux voix sur la résolution.

Guyomar : Tous les membres désignés pour le consulat ont ma confiance. J'ai donné mon suffrage à deux d'entre-eux. Mais, et en public, et en comité général, j'ai déclaré que je ne voterais pour aucune mesure qui porterait atteinte à la constitution. Je respecterai néanmoins la décision de la majorité.

L'ajournement qu'on propose ne blesse pas la constitution ; mais l'article 45 est violé par la disposition qui établit des commissions intermédiaires.

Je vote contre la résolution.

On réclame la mise aux voix.

Lemoyne-Desforges : Je n'entends pas embrasser la défense des membres que la résolution écarte du corps législatif ; mais je demande qu'ils soient entendus.

Le conseil approuve la résolution.

Sur la proposition de *Huguet*, il rapporte le décret pris à l'issue du comité général.

Le conseil approuve ensuite la proclamation.

On procède ensuite au scrutin, pour la nomination de la commission législative intermédiare créée par l'article 8 de la loi.

Pendant le dépouillement, les trois consuls sont introduits.

Le président leur fait donner lecture de la loi qui les nomme.

Ils prêtent le serment ainsi qu'il suit :

« Je jure fidélité à la république une et indivisible, à la
« liberté, à l'égalité et au système représentatif. »

Le président (Lemercier) reprend la parole et dit :

Citoyens consuls, le conseil des anciens voit en vous les plus chères espérances de la république. Quels succès n'a-t-elle pas lieu d'attendre d'un aussi heureux ensemble de lumières, de mœurs et de patriotisme ! Pour donner à tous les Français l'exemple du sentiment qui doit le plus efficacement contribuer à leur bonheur, venez recevoir du conseil des anciens, dans les embrassemens de son président, un nouveau témoignage de sa confiance, de son estime et du desir qu'il a de concourir avec vous au salut de la patrie.

Vive la république !

Les consuls montent au bureau, et embrassent le président.

Ils se retirent.

On continue le dépouillement du scrutin.

Huguet : Il est possible que les membres qui vont être nommés refusent, ou que le consulat les charge d'une mission. Il convient donc de conserver les noms de ceux qui auront obtenu le plus de voix après les membres appelés à former la commission.

Cornudet : La loi ne donne au consulat le droit de nommer que les représentans du peuple qui ne feront pas partie des commissions.

Le président observe, que la totalité de la liste sera imprimée.

Le résultat du scrutin désigne, pour former la commission législative intermédiaire, les membres ci-après :

Lebrun,	Sédillez,
Garat,	Laloi,
Rousseau,	Fargues,
Vimar,	Péré (des Hautes Pyrénées)
Crétet,	Depeyre,
Lemercier,	Laussat,
Regnier,	Chasiron,
Cornudet,	Perrin (des Vosges),
Porcher,	Caillemer,
Vernier,	Chatry-la-Fosse,
Lenoir-Laroche,	Herwyn,
Cornet,	Beaupuis,
Goupil-Préfeln,	

Le président les proclame.

La séance est levée le 20 brumaire, à cinq heures du matin, et indiquée au palais des Tuileries le 1er. ventôse prochain.

Dans le récit que nous avons fait plus haut des démarches et des discours de Bonaparte, nous n'avons mentionné que les faits ou les paroles dont nous avions été personnellement témoins. Mais voici encore quelques phrases que l'on rapporte de ce qu'il dit aux officiers qui l'entouraient, au moment où il sortait des cinq-cents

..... « Il y a trois ans, dit-il, que les rois coalisés m'avaient mis hors la loi, pour avoir vaincu leurs armées ; et j'y serais mis aujourd'hui par quelques brouillons, qui se prétendent plus amis de la liberté, que ceux qui ont mille fois bravé la mort pour elle ! Ma fortune n'aurait-elle triomphé des plus redoutables armées, que pour venir échouer contre une poignée de factieux » ?

Après les séances de la nuit, la consigne des barrières fut levée, et les députés retournèrent tous à Paris ; Bonaparte y revint avec le plus grand nombre des généraux, sur les deux heures du matin.

Les trois proclamations suivantes qui se succédèrent dans les journées du 19, du 20 et du 21, sont les seules pièces officielles remarquables que nous croyons devoir ajouter à celles que nous avons rapportées plus haut,

Paris, le 19 brumaire an 8.

Le ministre de la police générale de la république prévient ses concitoyens, que les conseils étaient réunis à Saint-Cloud pour délibérer sur les intérêts de la république et de la liberté ; lorsque le général Bonaparte étant entré au conseil des cinq-cents pour dénoncer des manœuvres contre-révolutionnaires, a failli périr victime d'un assassinat.

Le génie de la république a sauvé ce général, il revient à Paris avec son escorte ; le corps législatif a pris toutes les mesures qui peuvent assurer le triomphe et la gloire de la république.

Le ministre de la police,   FOUCHÉ.

Proclamation du général en chef Bonaparte, le 19 brumaire, onze heures du soir.

A mon retour à Paris, j'ai trouvé la division dans toutes les autorités, et l'accord établi sur cette seule vérité, que la constitution était à moitié détruite, et ne pouvait sauver la liberté.

Tous les partis sont venus à moi, m'ont confié leur dessein, dévoilé leurs secrets, et m'ont demandé mon appui; j'ai refusé d'être l'homme d'un parti.

Le conseil des anciens m'a appelé; j'ai répondu à son appel. Un plan de restauration générale avait été concerté par des hommes en qui la nation est accoutumée à voir des défenseurs de la liberté, de l'égalité, de la propriété : ce plan demandait un examen calme, libre, exempt de toute influence et de toute crainte. En conséquence, le conseil des anciens a résolu la translation du corps législatif à Saint-Cloud; il m'a chargé de la disposition de la force nécessaire à son indépendance. J'ai cru devoir à mes concitoyens, aux soldats périssant dans nos armées, à la gloire nationale acquise au prix de leur sang, d'accepter le commandement.

Les conseils se rassemblent à Saint-Cloud; les troupes républicaines garantissent la sûreté au-dehors. Mais des assassins établissent la terreur au-dedans; plusieurs députés du conseil des cinq-cents, armés de stylets et d'armes à feu, font circuler tout autour d'eux des menaces de mort.

Les plans qui doivent être développés, sont resserrés, la majorité désorganisée, les orateurs les plus intrépides déconcertés et l'inutilité de toute proposition sage, évidente.

Je porte mon indignation et ma douleur au conseil des anciens; je lui demande d'assurer l'exécution de ses généreux desseins; je lui représente les maux de la patrie qui les lui ont fait concevoir : il s'unit à moi par de nouveaux témoignages de sa constante volonté.

Je me présente au conseil des cinq-cents; seul, sans armes, la tête découverte, tel que les anciens m'avaient reçu et applaudi; je venais rappeler à la majorité ses volontés, et l'assurer de son pouvoir.

Les stilets qui menaçaient les députés, sont aussi-tôt levés sur leur libérateur ; vingt assassins se précipitent sur moi , et cherchent ma poitrine ; les grenadiers du corps législatif, que j'avais laissés à la porte de la salle, accourent , et se mettent entre les assassins et moi. L'un de ces braves grenadiers (Thomé) est frappé d'un coup de stilet, dont ses habits sont percés. Ils m'enlèvent.

Au même moment, les cris de *hors la loi* se font entendre contre le défenseur *de la loi*. C'était le cri farouche des assassins, contre la force destinée à les réprimer.

Ils se pressent autour du président, la menace à la bouche ; les armes à la main, ils lui ordonnent de prononcer le *hors la loi* : l'on m'avertit ; je donne ordre de l'arracher à leur fureur, et six grenadiers du corps législatif s'en emparent. Aussi-tôt après, des grenadiers du corps législatif entrent au pas-de-charge dans la salle, et la font évacuer.

Les factieux intimidés se dispersent et s'éloignent. La majorité, soustraite à leurs coups, rentre librement et paisiblement dans la salle de ses séances, entend les propositions qui devaient lui être faites pour le salut public, délibère et prépare la résolution salutaire qui doit devenir la loi nouvelle et provisoire de la république.

Français, vous reconnaîtrez sans doute, à cette conduite, le zèle d'un soldat de la liberté, d'un citoyen dévoué à la république. Les idées conservatrices, tutélaires, libérales, sont rentrées dans leurs droits, par la dispersion des factieux qui opprimaient les conseils, et qui, pour être devenus les plus odieux des hommes, n'ont pas cessé d'être les plus méprisables.

Signé, BONAPARTE.

Proclamation des Consuls. — Du 21 brumaire.

« La constitution de l'an 3 périssait : elle n'avait su ni garantir vos droits, ni se garantir elle-même. Des atteintes multipliées lui ravissaient sans retour le respect du peuple ; des factions haineuses et cupides se partageaient la république. La France approchait enfin du dernier terme d'une désorganisation générale.

« Les patriotes se sont entendus. Tout ce qui pouvait vous nuire a été écarté ; tout ce qui pouvait vous servir, tout ce qui était resté pur dans la représentation nationale, s'est réuni sous les bannières de la liberté.

Français, la république raffermie et replacée dans l'Europe au rang qu'elle n'aurait jamais dû perdre, verra se réaliser toutes les espérances des citoyens, et accomplira ses glorieuses destinées.

« Prêtez avec nous le serment que nous faisons, *d'être fidèles à la république, une et indivisible, fondée sur l'égalité, la liberté et le système représentatif.*

Par les consuls de la république,

ROGER-DUCOS, BONAPARTE, SIEYES.

Pour copie conforme,

Hugues-Bernard MARET, *secretaire-général.*

F I N.